农林技术推广
与畜牧业养殖技术

王　峰　孙　德　石兰慧　主编

哈尔滨出版社
HARBIN PUBLISHING HOUSE

图书在版编目（CIP）数据

农林技术推广与畜牧业养殖技术／王峰，孙德，石兰慧主编. -- 哈尔滨：哈尔滨出版社，2025. 1.

ISBN 978-7-5484-8129-4

Ⅰ. S

中国国家版本馆 CIP 数据核字第 2024T2E219 号

书　　名：**农林技术推广与畜牧业养殖技术**

NONGLIN JISHU TUIGUANG YU XUMUYE YANGZHI JISHU

作　　者：王　峰　孙　德　石兰慧　主编

责任编辑：李金秋

出版发行：哈尔滨出版社（Harbin Publishing House）

社　　址：哈尔滨市香坊区泰山路 82-9 号　　邮编：150090

经　　销：全国新华书店

印　　刷：北京鑫益晖印刷有限公司

网　　址：www.hrbcbs.com

E - mail：hrbcbs@yeah.net

编辑版权热线：（0451）87900271　87900272

销售热线：（0451）87900202　87900203

开　　本：880mm×1230mm　1/32　印张：4.5　字数：110 千字

版　　次：2025 年 1 月第 1 版

印　　次：2025 年 1 月第 1 次印刷

书　　号：ISBN 978-7-5484-8129-4

定　　价：58.00 元

凡购本社图书发现印装错误，请与本社印制部联系调换。

服务热线：（0451）87900279

前　　言

随着我国经济的持续发展和人民生活水平的提高,农业与畜牧业在国家经济体系中的地位越发重要。特别是在保障国家粮食安全和食品供应方面,农业技术推广与畜牧业养殖技术的进步显得尤为重要。

农业技术推广是推动现代农业发展的关键一环,它不仅可以提高农作物的产量和质量,还可以有效降低生产成本,从而增强农产品的市场竞争力。在当前资源日趋紧张、环境问题日益突出的背景下,推广节水灌溉、精准施肥、病虫害生物防治等先进的农业技术,对于实现农业的可持续发展具有重要意义。畜牧业是农业的重要组成部分,也是人们食物来源的重要渠道。随着人们对畜产品质量和安全的关注度不断提高,畜牧业养殖技术的升级换代也迫在眉睫。新型养殖技术如智能化饲喂系统、环境监控系统的应用,不仅能提高养殖效率,还可以有效预防和控制动物疫病的发生,保证畜产品的安全与健康。

全书共分为六章,系统介绍了畜牧业与农林业的基本知识、发展现状和技术推广实践。第一章介绍了畜牧业与农林业的定义、特点及相互关系。第二章详细阐述了畜禽的生理特点、养殖要求以及动物养殖环境与卫生保健。第三章则聚焦于畜牧业养殖技术的实践应用,包括牛羊、猪及鸡、鸭、鹅的饲养管理技术。第四章探讨了农作物生产技术,具体介绍了水稻、玉米、黄瓜和马铃薯的高产栽培技术。第五章则针对作物病虫害及其防治进行了深入解析。最后,第六章着重讨论了畜牧业养殖技术的推广实践,包括成功案例和推广策略。本书内容丰富,结构清晰,为读者提供了全面的畜牧业与农林业知识和技术推广的实用指南。

目　　录

第一章　畜牧业与农林业概述

第一节　畜牧业与农林业的定义及特点

一、畜牧业概述

（一）畜牧业的定义

1. 畜牧业的内涵

自古以来，人类就通过畜牧业获取各种动物产品，满足自身生存与发展的需求。这些动物产品包括肉类、蛋类、奶类等，它们富含优质蛋白质、维生素和矿物质，是日常饮食中的重要部分。特别是在一些地区，畜牧业甚至是当地居民主要的食物和经济来源。除了提供食物外，畜牧业还为人类提供了许多其他重要的资源。例如，羊毛、山羊绒等纤维材料是纺织业的重要原料，皮张则用于制作皮革制品，这些都在一定程度上推动了相关产业的发展。同时，畜牧业也促进了农业生态系统的平衡。畜禽的粪便可以用作有机肥料，提高土壤肥力，有助于农作物的生长。这种循环利用的模式不仅减少了废弃物的产生，还提高了资源的利用效率。同时，随着消费者对食品安全和健康的关注度不断提高，对高质量畜产品的需求也在不断增加。这进一步推动了畜牧业的发展和创新，以满足市场的多样化需求。此外,在许多地区,畜牧业与当地的传统文化和习俗紧密相连。例如,一些地区的牧民通过放牧来维持生计,他们的生活方式、节庆活动等都与畜牧业息息相关。这些文化元素不仅丰富了人们的生活,还成为了吸引游客的重要旅游资源。

2. 畜牧业的重要性

在资源利用方面,畜牧业需要大量的土地、水资源和饲料来支撑。而随着我国人口的增长和城市化进程的加速,土地和水资源变得越来越稀缺。这要求畜牧业必须提高资源利用效率,减少浪费,以实现可持续发展。例如,通过改进饲养技术和管理方法,可以降低饲料消耗和水资源使用,同时提高畜禽的生产效率。在环境保护方面,畜牧业产生的废弃物和温室气体排放对环境造成了严重影响。对此,畜牧业需要采取更加环保的生产方式。例如,利用畜禽粪便进行沼气发电或制作有机肥料,减少废弃物排放的同时提高资源利用效率。此外,推广低碳、环保的饲养技术也是减少温室气体排放的重要途径。随着人们对食品安全的关注度不断提高,对畜产品的品质和安全性也提出了更高的要求。因此,畜牧业需要加强质量监管和检测体系建设,确保产品的品质和安全性符合标准。同时,也需要加强品牌建设和市场推广,提高产品的知名度和竞争力。

(二)畜牧业的特点

1. 集中化与规模化

在自给自足的模式下,家畜饲养往往是小规模的、分散的,以满足家庭或村落的基本需求为主,而不以追求经济效益为主要目标。而随着社会的进步和市场经济的发展,畜牧业逐渐走向了集中化、规模化的道路。集中化意味着畜牧业生产逐渐从分散的小农户向大型养殖企业或合作社集中。这种集中化的趋势使得生产资源得到更加合理的配置,提高了土地的利用率,同时也方便了管理和技术的推广。大型养殖企业或合作社拥有更多的资金和资源,可以投入更多的科研力量,引进先进的养殖技术和设备,从而提升整个畜牧业的科技含量和生产效率。规模化则是畜牧业发展的另一个重要方向。通过扩大生产规模,畜牧业可以实现更高的经济效益。规模化生产可以降低单位产品的生产成本,提高市场竞争力。同时,规模化生产也更有利于实施标准化的生产和管理,确保畜产品的质量和安全。在规模化生产的过程中,还可以利用现代化的信息技术和物联网技术,对生产过程进行精细化的管理和监控,及时发现并解决问题,确保生产的顺利进行。集中化与规模化的发展模式不仅提高了畜牧业的生产效率,还为畜牧业的产业升级和转型提供了有力的支持。在这种模式下,畜牧业可以更好地对接市场需求,调整生产结构,满足消费者对高品质畜产品的需求。同时,集中化与规模化的发展也有助于提升畜牧业的抗风险能力,减少市场波动对生产的影响。

2. 产品多样性

畜牧业作为一个重要的农业分支,其产品种类之丰富、功能之多样,使得它在满足人类生活需求方面扮演着至关重要的角色。从日常餐桌上的美味佳肴,到衣物鞋帽的原材料,再到工业、医疗等领域的多种应用,畜牧业提供的产品几乎无处不在,其市场需求和消费特点也各具特色。在食品领域,畜牧业为人类提供了丰富的肉类产品。这些肉类产品包括牛肉、羊肉、猪肉、鸡肉等,每种肉类都因其独特的口感、营养成分和烹饪方式而备受消费者喜爱。例如,牛肉富含蛋白质和铁质,适合用于炖煮、煎炸等多种烹饪方式;而鸡肉则因其低脂、高蛋白的特点,成为了许多健康饮食者的首选。除了肉类,畜牧业还为人类提供了大量的蛋类和奶制品。鸡蛋、鸭蛋等蛋类食品富含蛋白质和各种维生素,是人们日常饮食中的重要组成部分。而牛奶、羊奶等奶制品则富含钙、磷等矿物质,对于维持人体健康、促进骨骼发育具有重要作用。在纺织领域,畜牧业也发挥着举足轻重的作用。羊毛、山羊绒等毛类产品具有保暖、柔软、透气等特点,被广泛用于制作冬季服装、床上用品等。而皮革则是制作皮鞋、皮包、皮带等高档皮革制品的主要原料,其独特的质感和耐用性深受消费者喜爱。此外,畜牧业还提供了一些较为特殊的产品,如兽骨、兽角等。这些产品在医药、工艺品等领域有着广泛的应用。例如,一些动物的骨骼经过加工处理后可以制成中药材,对于治疗某些疾病具有独特疗效;而兽角则可以被加工成各种工艺品,如号角、雕塑等,具有很高的艺术价值。此外,随着生活水平的提高和消费观念的转变,人们对于高品质、健康、环保的畜牧产品需求也在不断增加。这为畜牧业提供了更多的发展机遇,同时也对其提出了更高的要求。为了满足市场的多样化需求,畜牧业需要不断创新和提高产品质量。一方面,通过引进先进技术和管理经验,提高畜牧业的生产效率和产品质量;另一方面,加强畜牧业与相关领域的融合发展,拓展产品的应用领域和市场空间。同时,还需要注重环保和可持续发展,推动畜牧业向绿色、低碳、循环的方向发展。

3. 高度依赖自然条件

畜牧业的生产活动与自然条件息息相关,深受气候、地理和土壤等多重因素的影响。这些自然因素对畜牧业的制约作用不容忽视,因为它们直接关系到草原的生长状况、饲料的产量和质量,以及畜禽的生存环境和健康状况。气候条件,特别是温度和降水,对畜牧业的影响尤为显著。适宜的温度是草原植被生长的关键因素。过高或过低的温度都会对牧草的生长周期、产量和品质产生影响。在寒冷的地区,低温会限制牧草的生长周期,导致产量下降;而在炎热的地区,高温则可能使牧草干枯,同样影响产量和品质。降水也是决定草原生态的重要因素。适量的雨水可以促进牧草的生长,但过多的雨水可能导致草原水淹,影响牧草的生长和畜禽的活动;而雨水不足则可能导致草原干旱,牧草枯黄,无法满足畜禽的饲料需求。而不同地区的地理特征和海拔高度会对草原的气候、土壤和水源产生影响,从而影响畜牧业的生产。例如,在高海拔地区,气候寒冷,草原生长周期短,需要选择耐寒、生长周期短的牧草品种;而在低海拔地区,气候温暖湿润,草原生长旺盛,但需要防范牧草病害和畜禽疫情的发生。而且,土壤的肥力、酸碱度和透气性都会影响牧草的生长。肥沃的土壤可以提供丰富的营养物质,有利于牧草的生长和发育;而贫瘠的土壤则可能导致牧草生长缓慢,产量低下。此外,土壤的酸碱度也会影响牧草的生长。过酸或过碱的土壤都可能抑制牧草的生长,甚至导致牧草死亡。

二、农林业概述

(一)农林业的概念

1. 农林业的内涵

农林业,作为一个融合了农业与林业元素的复合产业,近年来逐渐受到了广泛的关注与推崇。它不仅仅是一个新的产业概念，更是一种对于土地资源高效、可持续利用的探索与实践。农林业的核心在于将农业与林业有机结合，通过在同一土地上实现空间混合或时序配合，创造出一种全新的土地利用系统。这一系统的特点在于其充分发挥了林木与农作物或畜牧业之间的生态学和经济学相互作用，从而提高了土地资源的利用效率，实现了经济效益与生态效益的双重提升。农林业的兴起，反映了人们对于土地资源利用方式的深入思考。在传统农业与林业分离的模式下，土地资源的利用往往存在着种种限制与不足。而农林业的出现，打破了这种局限，使得土地资源能够在更广泛的范围内得到合理有效的利用。林木与农作物或畜牧业的结合，不仅能够在生态学上实现互补，还能够在经济上产生更多的附加值。这种模式的推广与应用，对于提高土地的人口承载力、维护农业生态系统的持续稳定具有重要的意义。同时，农林业也是一种具有实践性和综合性的新兴学科。它不仅仅是一种土地利用方式，更是一种涵盖了生态学、经济学、农学、林学等多个学科的综合性知识体系。农林业的研究与实践，需要综合运用这些学科的知识与方法，以实现土地资源的高效利用和生态系统的持续稳定。这种跨学科的研究方式，也为相关学科的发展提供了新的思路与方向。农林业的定义中明确指出了其与传统农业和林业的区别。它不再孤立地看待农业与林业，而是将它们视为一个整体，通过生态学和经济学的原理来指导实践。这种整体性的思考方式，使得农林业在实践中能够更好地适应各种农业生态与社会经济环境组合条件，达到持续高产的目的。

2. 农林业的重要性

在传统的农业生产中，过度开垦和单一化种植，往往导致土地退化、生态环境恶化等问题。而农林业通过引入林木元素，有效地改善了土壤结构，提高了土壤肥力，同时也为野生动植物提供了更为丰富的生态空间。这种生态平衡的维护，不仅有助于农业生产的持续稳定，也为农村居民提供了更为宜居的生活环境。在经济发展方面，农林业为农村地区带来了新的经济增长点。通过多样化的种植和养殖方式，农民可以获得更为丰富的农产品和林业产品，从而提高经济收入。而且，农林业也促进了农村地区的产业结构调整和转型升级，为农村经济的发展注入了新的活力。随着现代科技的不断发展，农林业也开始广泛引入各种先进技术和管理模式。例如，通过精准农业技术的应用，可以实现农作物的精准播种、施肥和灌溉；通过林业科技的推广，可以提高林木的成活率和生长速度。这些科技的应用不仅提高了农林业的生产效率，也为其可持续发展提供了有力的技术支撑。

（二）农林业的主要特点

1.农林业具有充分利用各种资源的特点

农林业，这一融合了农业与林业元素的综合产业模式，实质上是一种对各种资源的全面而高效的利用方式。在农林业的实践中，土地、光能、热能和水资源均得到了充分且合理的应用，展现出一种多元且共生的农业生态。土地资源是农林业发展的基石。每一块土地都有其独特的土壤类型、肥力和水分条件，农林业通过深入研究和了解土地的特性，选择最适合当地生长的作物和林木进行种植。这种因地制宜的种植方式，不仅提高了土地的利用率，还确保了作物和林木的健康生长，从而实现了土地资源的最大化利用。与此同时，不同的作物和林木对光照的需求各不相同，农林业通过合理的空间布局和时间安排,使得各种生物能够充分吸收并利用光能。例如,在一些农林复合系统中,高层林木的叶片可以吸收直射光,而低矮的作物则可以利用反射光和散射光进行光合作用,这样便实现了光能在不同生物间的合理分配。而且,农林业通过选择适当的作物和林木品种,以及合理的种植密度和方式,来调节田间的微气候,使得各种生物能够在适宜的温度范围内生长。这种对热能的合理利用,不仅提高了作物的产量和品质,还有助于减少极端气候对农业生产的不利影响。水资源是农业生产的生命线,而在农林业中,水资源的利用更是达到了一个新的高度。通过精准的灌溉技术和合理的排水系统,农林业确保了作物和林木能够得到适量的水分供应,同时避免了水资源的浪费和土壤盐渍化等问题。此外,一些农林复合系统还通过雨水收集和再利用等方式,进一步提高了水资源的利用效率。

在选择生物成分方面,农林业注重的是生物多样性和互补性。通过引入多种作物和林木品种,构建出一个复杂而稳定的生态系统。在这个系统中,各种生物之间通过食物链和生态关系紧密相连,形成了一种互利共生的关系。这种生物多样性的利用方式,不仅提高了生态系统的稳定性和抵抗力,还有助于减少病虫害的发生和传播。而且,配置合理的立体结构也是农林业的一大特色。通过巧妙的空间布局和时间安排,农林业实现了各种资源在不同生物间的合理分配和利用。这种立体结构的配置方式,不仅提高了土地资源的利用率和产出率,还使得整个生态系统更加和谐与平衡。

2. 农林业具有集约化经营的特点

集约化经营的核心在于高效利用资源,通过科学的管理和技术手段,实现农业生态系统的最优化配置。农林业在集约化经营的过程中,注重在不增加土地总量的前提下,通过林农、林牧、林草、林药、林渔等有机组合,充分发挥土地资源的潜力。这种经营模式不仅提高了土地的利用率,还促进了生物生产力的发展。例如,在林农结合的模式中,林木为农作物提供了天然的遮阴和防风固沙的作用,同时农作物的残茬和废弃物又可以为林木提供养分,形成了良性的生态循环。为了实现集约化经营,农林业需要采取一系列科学的管理措施。要合理规划土地利用结构,根据土地资源的特性和市场需求,确定适宜的林农、林牧、林草、林药、林渔等组合方式。而且,要加强土壤管理和水土保持工作,确保土地资源的可持续利用。此外,还要推广先进的农业技术和管理经验,提高农业生产的科技含量和管理水平。并且,农林业集约化经营不仅具有经济效益,还具有生态效益和社会效益。通过科学合理的土地利用和生态循环,农林业可以减少化肥和农药的使用量,降低农业面源污染,保护生态环境。另外,农林业的发展还可以促进农村经济的繁荣和农民收入的增加,推动农村社会的和谐发展。

3. 农林业具有融合多种农副产品开发与利用的特点

在农林业中,林木资源的利用是最为广泛和深入的。除了木材的直接利用,如家具制造、建筑材料等行业,林木的枝叶、树皮、树根等副产品也可以被开发利用。例如,树叶可以提取天然色素和香料,用于食品加工和化妆品制造;树皮则可以提炼出树皮纤维,用于造纸和纺织品生产。这些副产品的开发利用,不仅丰富了加工业的原材料来源,也促进了农林业的可持续发展。农作物方面,除了粮食、油料等主要产品的利用,农作物秸秆、种子壳等副产品也蕴含着巨大的经济价值。农作物秸秆经过加工处理,可以制成生物质燃料,用于发电和供热;也可以用于制作纸张、人造板材等。种子壳则可以提取天然纤维,用于纺织和造纸等行业。这些副产品的利用,不仅减少了农业废弃物的产生,也为加工业提供了新的原材料来源。而且,饲养业作为农林业的重要组成部分,也产生了大量的副产品。动物粪便经过发酵处理,可以制成有机肥料,用于农田的改良和增产;动物皮毛则可以制成皮革制品,如服装、箱包等。此外,动物血液、骨骼等副产品也可以提取出多种生物活性物质,用于医药、保健品等行业的生产。这些副产品的开发利用,不仅提高了饲养业的附加值,也为加工业提供了更多的选择和创新空间。此外,在农林业中,发展多种副产品的加工业,不仅可以实现资源的最大化利用,还可以促进产业链的延伸和拓展。通过深加工和精加工,这些副产品可以转化为高附加值的产品,提高整体产业的盈利能力和竞争力。同时,这种发展模式也符合可持续发展的理念,通过循环利用和节能减排,减少了对环境的负面影响,实现了经济、社会和环境的协调发展。

4. 农林业是多产业的特点

农林业,这一融合了农业与林业的综合产业模式,展现了多产业间的有机组合与高度协同。这种组合并不是简单的相加,而是在空间和时间上构建了一种精妙的有序性。主要体现在各种生物种群的分布与互动上,每一种生物都在其特定的生态空间中找到属于自己的位置,形成了复杂而稳定的生态系统。在这个生态系统中,不同的生物种群占据着各自独特的生态空间,它们之间通过食物链和生态关系紧密相连。这些种群在各自的生态位上相互依存,共生互补,构成了一个错综复杂的生命网络。例如,某些植物可能为动物提供食物和栖息地,而动物的排泄物则成为植物的养料,这种互利共生的关系使得整个生态系统得以持续运转。更为值得一提的是,农林业的投入物资可以实现多重利用。这种循环利用的方式不仅节约了资源,还提高了土地和资源的利用率。比如,在农业生产中产生的秸秆和残渣,可以作为有机肥料或饲料再利用,甚至可以用作生物质能源。这种多重利用的模式大大降低了生产成本,同时也减少了环境污染。而且,通过合理的规划和布局,可以最大限度地提高土地和资源的利用率,同时保护生态环境的稳定性。这种模式不仅有助于满足人类对食品和木材等资源的需求,还为生态系统的保护和恢复提供了有力的支持。此外,在传统的农业生产中,农民往往依赖单一的作物种植,而农林业则为农民提供了更多的选择。农民可以在同一块土地上同时种植作物和养殖林木,通过多样化的经营方式增加收入。这种多样化的经营模式也有助于降低市场风险,提高农民的抗风险能力。同时,林木的种植可以防风固沙,保持水土,改善土壤质量。而农业生产的残余物通过合理利用,可以减少废弃物的排放,降低环境污染。

第二节 畜牧业与农林业的相互关系

一、畜牧业对农林业的促进作用

(一)提供有机肥料,改善土壤质量

1. 畜牧业为农林业无偿提供有机肥料

在广袤的农田中,农民们深知畜牧业所产的有机肥料对于土壤的重要性。这些肥料不仅富含氮、磷、钾等多种植物必需的营养

元素,更重要的是,它们能够改善土壤的质地和结构。与传统的化肥相比,有机肥料释放养分速度较慢,持久性更强,这有利于植物的稳定吸收,同时减少了化肥过度使用可能带来的土壤板结和水源污染问题。此外,有机肥料还能促进土壤微生物的繁殖和活动,这些微生物在分解有机物的过程中会释放出植物生长所需的营养物质,进一步提高土壤的肥沃性。而且,有机肥料的使用还能增强植物的抗逆性,使农作物在面对极端气候或病虫害时更具抵抗力。不仅如此,通过施用这些肥料,农田的生态系统得以更好地维持和修复,形成了一种可持续的农业生产方式。这种方式不仅提高了农产品的产量和品质,还保护了生态环境,实现了经济效益和生态效益的双赢。动物粪便转化为有机肥料的过程,也是对传统农业智慧的传承和发展。农民们通过堆肥、发酵等技术手段,将这些废弃物变成宝贵的农业资源,既解决了畜牧业废弃物的处理问题,又为农林业的可持续发展注入了新的活力。

2. 有机肥料对于土壤质量的改善作用

有机肥料对土壤的改善作用是多方面的,它能够为土壤提供丰富的有机质和微量元素,这些物质是土壤肥力的重要组成部分。有机质能够增强土壤的保水保肥能力,提高土壤的缓冲性能,使得土壤在面对外界环境变化时能够更加稳定。而且,有机肥料的施用还能促进土壤团粒结构的形成。这种结构有利于土壤的通气和透水,为植物根系的生长提供了良好的环境。同时,团粒结构还能有效地防止土壤侵蚀和水土流失,保护了土地资源的可持续性。并且,有机肥料中的微生物在分解过程中会产生各种生长激素和维生素类物质,这些物质对植物的生长具有积极的促进作用。它们能够刺激植物根系的发育,提高植物对养分的吸收能力,从而提高农作物的产量和品质。此外,有机肥料的使用还能有效减少化肥和农药的使用量。这不仅降低了农业生产成本,还减少了环境污染的风险。在当前全球倡导绿色、环保、可持续发展的背景下,有机肥料无疑成为了一种理想的农业生产资料。

(二)畜牧业废弃物资源化利用,促进农林业循环发展

1. 畜牧业废弃物资源化利用对于农林业发展的促进

随着畜牧业规模的不断扩大,大量畜禽粪便、废水等废弃物产生,如果处理不当,不仅会对环境造成污染,还会浪费宝贵的资源。因此,通过科学合理的资源化利用,将这些废弃物转化为有机肥料、生物质能源等,不仅可以解决环境污染问题,还能为农林业提供丰富的养分和能源,推动农林业的循环发展。首先,在畜牧业废弃物资源化利用的过程中,关键在于技术创新和模式创新。这就需要研发高效、环保的废弃物处理技术,如厌氧发酵、好氧堆肥等,将废弃物转化为有机肥料或生物质能源。这些技术不仅能够有效降低废弃物的污染性,还能提高其利用率。其次,要探索合理的废弃物利用模式,如"畜禽粪便-有机肥料-农作物"的循环利用模式,将废弃物转化为农作物生长的养分,实现资源的循环利用。此外,还可以通过资金扶持、技术推广等方式,推动相关技术的研发和应用。市场方面,通过建立废弃物资源化利用的市场机制,吸引更多的社会资本参与进米,推动废弃物资源化利用的产业化发展。

2. 农林业循环发展与生态环境的和谐共生

农林业循环发展是一种符合生态规律的农业生产模式,它强调在农业生产过程中实现资源的循环利用和环境的和谐共生。在

这一模式下,农业和林业相互依存、相互促进,共同构成一个完整的生态系统。农作物的秸秆、畜禽粪便等废弃物可以作为林木的有机肥料,促进林木的生长;而林木的落叶、枯枝等又可以作为农田的有机覆盖物,保护土壤、减少水分蒸发。这种循环利用的模式不仅提高了资源的利用效率,还有利于生态环境的保护和改善。在农业生产过程中,要采用科学的耕作技术和管理模式,减少化肥和农药的使用量,降低农业面源污染。同时,要加强水土保持工作,防止水土流失和土地退化。在林业发展中,要注重树种的选择和配置,提高森林的生态功能和碳汇能力。此外,还要加强生态监测和评估工作,及时发现和解决生态环境问题。

(三)畜牧业产品深加工,丰富农林业产业链

1. 畜牧业产品深加工对农林业产业链的拓展

在传统的农林业模式中,畜牧业产品往往以原始或初加工形态进入市场,这不仅限制了产品的利润空间,也制约了产业链的深化发展。而通过深加工,可以将畜牧业产品转化为更多样化、高附加值的商品,从而丰富整个农林业的产业链。以肉类产品为例,深加工可以从多个方面进行,如制作腊肉、香肠、火腿等特色食品,或者提取肉类中的有用成分制成保健品、营养补充品等。这些深加工产品不仅满足了消费者对食品多样化的需求,也为企业带来了更高的经济效益。同时,深加工过程中产生的副产品,如骨粉、血粉等,还可以作为优质的有机肥料回馈到农田中,形成了一种良性的生态循环。此外,乳制品的深加工也是畜牧业产品深加工的重要领域。通过将鲜奶加工成奶酪、酸奶、奶粉等,不仅延长了产品的保质期,也增加了产品的种类和口感,进一步满足了市场的多样

化需求。这些深加工乳制品的销售,也拉动了相关产业链的发展,如包装材料、冷链物流等,从而为整个农林业产业链注入了新的活力。畜牧业产品的深加工,还促进了农林业与二三产业的融合发展。深加工所需的技术、设备和销售渠道,都与二三产业紧密相连。这种跨界融合,不仅提升了农林业的现代化水平,也为相关产业的发展带来了新的机遇。例如,深加工产品的研发和推广,需要借助现代科技手段和市场营销策略,这就为科技服务和市场营销等产业的发展提供了广阔的空间。

2. 畜牧业产品深加工在推动农林业产业升级中的作用

在传统的农林业生产中,产品往往以初级形态进入市场,附加值较低,市场竞争力有限。而通过深加工,畜牧业产品可以焕发新的价值,成为推动产业升级的关键要素。经过精细加工的产品,无论在口感、营养还是包装设计上,都更能满足现代消费者的需求。这种品质的提升,使畜牧业产品在市场上更具吸引力,从而提高了销售额和市场份额。而为了实现产品的深加工,企业需要引进先进的加工技术和设备,培养专业的技术人才。这些技术和人才的积累,不仅提高了企业的生产效率,也为整个农林业的产业升级提供了技术支持和人才保障。而且,畜牧业产品的深加工还带动了相关产业的发展。例如,深加工过程中需要使用各种辅料、添加剂和包装材料,这些需求拉动了相关产业的增长。同时,深加工产品的销售也促进了物流、仓储和市场营销等服务业的发展。这种产业联动效应,使得整个农林业产业链更加紧密和高效。

二、农林业对畜牧业的支持作用

(一)提供饲料来源,降低畜牧业成本

1. 农林业与畜牧业的相互促进

农林业和畜牧业是农业生产中的两个重要组成部分,它们之间存在着密切的促进关系。农林业主要负责生产粮食、饲料作物和林产品,这些产品在很大程度上满足了畜牧业对饲料的需求。例如,玉米、小麦、豆科植物等农作物不仅可供人类食用,也是家禽家畜的主要饲料来源。同时,林地中的树叶、树枝、果实等也是畜牧业的重要补充饲料,特别是对于放牧型畜牧业,森林资源的利用具有显著的经济效益。农林业提供的饲料丰富多样,有利于优化畜牧业的饲料结构,提高饲料的营养价值,从而降低畜牧业的生产成本。比如,通过种植豆科植物,可以增加土壤的氮素含量,提高作物的产量和质量,同时豆科植物的豆饼、豆粕也是优质的蛋白质饲料。此外,农林业还能通过合理轮作和混种,提高土地利用率,减少病虫害,进一步降低了饲料生产的成本。

2. 农林业对畜牧业的生态支持

畜牧业的发展离不开健康的生态环境,而农林业在保持水土、净化空气、调节气候等方面发挥着重要作用。例如,种植树木可以防止水土流失,保护水源,这对于需要大量水资源的畜牧业尤为重要。同时,森林能够吸收大量的二氧化碳,释放氧气,有助于缓解全球气候变化,为畜牧业提供更为稳定的生产环境。此外,农林业还可以通过生物多样性保护,提供天然的疾病防治屏障。林地中的有益生物可以抑制病虫害的发生,减少畜牧业对化学农药的依

赖,保障食品安全。农林业的生态服务功能,如防风固沙、改善土壤质量等,都有助于维护畜牧业的可持续发展,降低其对环境的影响,实现绿色、低碳的生产模式。

(二)改善畜牧业生产环境,提高动物健康水平

1.农林业对畜牧业生产环境的积极影响

传统的畜牧业往往面临着环境污染、生态失衡等诸多问题,而农林业的融入则为这些问题提供了有效的解决方案。农林业通过植被恢复、土壤保持和水源涵养等多种方式,显著改善了畜牧业的生产环境。例如,在畜牧场周围种植树木和草本植物,不仅可以有效防止水土流失,还能吸收畜牧业产生的部分废气,减少空气污染。同时,这些植被也为畜牧业提供了天然的屏障,有助于减少风、寒、暑等自然因素对畜牧业的直接影响,从而创造一个更加稳定、舒适的生产环境。此外,树木和草本植物的根系能够固定土壤,减少雨水径流带走的泥土和养分,进而保护了水源的清洁。这种生态平衡不仅有利于畜牧业的可持续发展,也为周边的自然环境带来了积极的影响。而且,许多树木和草本植物的叶子、果实等都可以作为优质的饲料,这不仅降低了畜牧业的生产成本,也丰富了饲料的种类,使得畜牧业的饲料来源更加多元化和可持续。

2.农林业对提高动物健康水平的贡献

动物健康是畜牧业发展的基石,而农林业通过提供优质的饲料和改善饲养环境,为动物的健康成长创造了有利条件。农林业为畜牧业提供了多样化的饲料来源,包括树叶、果实、草料等,这些天然饲料富含各种营养成分,能够满足动物不同生长阶段的需求。与传统的单一饲料相比,这些天然饲料更加全面、均衡,有助于提

高动物的免疫力和抗病能力。同时,农林业的饲料来源还具有可持续性,能够减少畜牧业对商业饲料的依赖,从而降低生产成本。除了提供饲料,农林业还能改善动物的饲养环境。在畜牧场周围种植植被,不仅可以净化空气、调节温度,还能为动物提供遮阴和避风的场所,减少极端天气对动物的影响。这种舒适的饲养环境有利于动物的生长和繁殖,提高了动物的整体健康水平。而且,通过植被的恢复和保护,农林业有助于减少土壤侵蚀和水源污染,为动物提供一个更加清洁、安全的生活环境。这种生态平衡不仅有利于动物的健康,也为畜牧业的长期发展奠定了坚实的基础。

第二章　畜禽养殖基础知识

第一节　畜禽的生理特点与养殖要求

一、畜禽的生理特点

(一)消化系统的生理特点

1. 畜禽的口腔结构与其采食习性的紧密关联

畜禽的口腔作为消化过程的起始点,其结构特点直接影响了对饲料的采食和初步消化。例如,牛、羊等反刍动物拥有特殊的口腔结构,它们的牙齿能够有效地切割和磨碎粗饲料,同时舌头也能灵活地将饲料送入口腔深处。这种结构使得反刍动物能够充分咀嚼和消化高纤维的饲料,从而满足其营养需求。相比之下,猪、鸡等单胃动物则具有不同的口腔结构,它们的牙齿主要用于咬碎饲料,而消化过程则更多依赖于胃和小肠的消化液和消化酶。

2. 畜禽胃肠道的复杂结构与功能

畜禽的胃肠道包括胃、小肠、大肠等多个部分,每个部分都承担着不同的消化和吸收功能。胃是畜禽消化系统的核心器官,它不仅能够储存食物,还能通过分泌胃酸和消化酶来初步消化蛋白质。小肠则是营养物质吸收的主要场所,其内壁具有丰富的绒毛和微绒毛,大大增加了吸收面积。大肠则主要负责对未消化的食物残渣进行进一步的处理和排泄。这种复杂的结构使得畜禽能够高效地消化和吸收饲料中的营养物质,为机体的生长和发育提供充足的能量和原料。

3. 畜禽消化系统的神经与激素调节机制

畜禽的消化过程不仅受到神经系统的调节,还受到内分泌系统的调控。神经系统通过迷走神经和交感神经来控制消化液的分泌和胃肠道的运动。当畜禽进食时,迷走神经兴奋,促进唾液腺、胃腺等消化腺的分泌,同时增强胃肠道的蠕动,有助于食物的消化和吸收。而交感神经则主要在应激状态下发挥作用,抑制消化系统的活动,以减少能量的消耗。此外,内分泌系统也通过分泌各种激素来调节消化过程。例如,胰岛素能够降低血糖水平,促进葡萄糖的利用和储存;胰高血糖素则能升高血糖水平,为机体提供能量。这些激素的协同作用使得畜禽能够根据自身的营养需求和能量状态来调节消化过程。此外,畜禽的肠道还具有重要的免疫功能。肠道黏膜下分布着大量的免疫细胞和淋巴组织,它们能够识别和清除侵入肠道的病原微生物,保护机体免受感染。同时,肠道内的微生物群落也对畜禽的健康和消化过程产生着重要影响。这些微生物能够参与营养物质的代谢和转化,促进畜禽对饲料的消化吸收。

(二)呼吸系统的生理特点

1. 呼吸道结构与功能

畜禽的呼吸道是气体交换的通道,其结构特点决定了气体流动的效率和通畅性。从鼻腔开始,呼吸道逐渐细分,形成喉、气管和支气管等部分,这些结构共同保证了气体能够顺畅地进入肺部。鼻腔内部有丰富的黏膜和毛发,能够过滤空气中的尘埃和微生物,保护肺部免受外界污染物的侵害。喉部则是一个可以调节气道大小的结构,通过喉部的开闭可以控制气体的流量和速度。气管和支气管则负责将气体输送到肺部,它们的内壁光滑且富有弹性,能够适应呼吸过程中气道直径的变化。

2. 肺部结构与气体交换

肺部是畜禽进行气体交换的主要场所,其结构特点决定了气体交换的效率。畜禽的肺部具有大量的肺泡,这些肺泡是气体交换的基本单位。肺泡壁非常薄,由单层上皮细胞构成,这使得氧气和二氧化碳能够迅速通过肺泡壁进入或离开血液。此外,肺泡之间具有丰富的毛细血管网,这些毛细血管紧密地贴在肺泡壁上,形成了巨大的气体交换面积。当氧气进入肺泡时,它能够迅速通过肺泡壁和毛细血管壁进入血液;同时,血液中的二氧化碳也能够通过相同的路径排出到肺泡中。这种高效的气体交换机制保证了畜禽能够获取足够的氧气并排出二氧化碳,以维持正常的生命活动。

3. 呼吸运动的调控机制

畜禽的呼吸运动受到中枢神经系统的精确调控。呼吸中枢位于延髓和脑桥等部位,它能够产生节律性的冲动,通过神经纤维传递到呼吸肌。呼吸肌的收缩和舒张使得胸廓扩张和缩小,从而实现了气体的吸入和呼出。这种调控机制保证了呼吸运动的稳定性和连续性,使得畜禽能够在不同环境下保持适当的呼吸频率和深度。此外,畜禽的呼吸还受到血液中氧分压和二氧化碳分压的影响。当氧分压降低或二氧化碳分压升高时,呼吸中枢会受到刺激,产生更强的冲动,使得呼吸加深加快。这种反馈机制有助于畜禽在缺氧或高碳酸血症的情况下迅速调整呼吸状态,以维持机体的正常功能。畜禽的呼吸系统还具有一定的代偿能力。当呼吸道或肺部受到损伤时,呼吸系统能够通过调整呼吸频率、深度和方式等方式来补偿受损部分的功能,从而维持机体的正常呼吸。这种代偿能力为畜禽在面对疾病或环境压力时提供了一定的生存保障。

(三)循环系统的生理特点

1. 心脏的结构与功能

畜禽的心脏作为循环系统的核心,是一个强大的泵,通过其节律性的收缩和舒张,推动血液在血管中流动。畜禽的心脏通常具有四个腔室:左心房、左心室、右心房和右心室。左心房接收来自肺部的富含氧气的血液,然后通过左心室泵入主动脉,进而输送到全身各组织器官。右心房则接收来自全身各组织器官的含氧较低的血液,通过右心室泵入肺动脉,流回肺部进行氧合。这种分隔的结构确保了血液在循环过程中的氧合和去氧合,满足了机体对氧气的需求。

2. 血管系统的结构与功能

畜禽的血管系统由动脉、静脉和毛细血管等部分组成,它们共同构成了血液流动的通道。动脉负责将富含氧气的血液从心脏输送到全身各组织器官,其管壁较厚,能够承受较高的压力。静脉则负责将含氧较低的血液从组织器官回流到心脏,其管壁较薄,压力较低。毛细血管是连接动脉和静脉的微小血管,它们遍布全身各组织器官,实现血液与组织细胞之间的物质交换。

3. 循环系统的调控机制

畜禽的血液循环受到神经和激素的精密调控。神经调节主要通过交感神经和副交感神经来实现。交感神经兴奋时,会使心率加快、血管收缩,从而增加心脏的输出量和血压,以适应机体在应激或运动状态下的需求。副交感神经节起到相反的作用,它能使心率减慢、血管舒张,降低心脏的输出量和血压,有助于机体在休息或睡眠时保持平稳的血液循环。激素调节则通过内分泌系统来完成。肾上腺素、去甲肾上腺素等激素能够调节心血管活动。例如,在应激状态下,肾上腺素的分泌会增加,导致心率加快、血管收缩,从而增加心脏的输出量和血压,以适应机体对应激的反应。此外,畜禽的循环系统还具有一定的代偿能力。当某一部分血管受阻或心脏功能下降时,其他血管或心脏部位会进行代偿性扩张或增强收缩力,以维持正常的血液循环。这种代偿能力有助于畜禽在疾病或应激状态下保持一定的生命活动能力。

二、畜禽的养殖要求

(一)饲料与营养要求

1.饲料种类的选择与配比

畜禽的种类、生长阶段以及生产目的的不同,决定了其对饲料种类和营养需求的差异性。因此,科学选择饲料种类和配比,是满足畜禽营养需求的基础。对于猪而言,幼猪期需要高蛋白、高能量的饲料以促进其快速生长;而育肥期则需要适当降低蛋白质含量,增加能量供应,以达到理想的膘情。鸡类在不同生长阶段也有类似的营养需求变化。因此,针对不同生长阶段的畜禽,应制定相应的饲养标准,确保饲料中蛋白质、脂肪、碳水化合物等营养成分的比例适宜。此外,饲料的种类选择也应考虑到其来源和价格。优先选择来源稳定、价格合理的饲料原料,可以降低养殖成本,提高经济效益。同时,还应关注饲料的消化吸收率,选择易于消化、吸收率高的饲料,可以提高饲料的利用率,减少浪费。

2. 饲料的质量安全控制

饲料的质量安全直接关系到畜禽的健康和产品的品质。因此,在饲料选择与使用过程中,必须严格把控饲料的质量安全。应选择正规厂家生产的饲料,避免使用来源不明或质量不稳定的饲料。正规厂家通常具有完善的生产流程和质量控制体系,能够确保饲料的质量安全。定期对饲料进行质量检测,包括营养成分分析、重金属检测、农药残留检测等。通过检测,可以及时发现饲料中的潜在问题,并采取相应措施进行处理,确保饲料的质量安全。此外,在饲料储存过程中,也应注意防潮、防霉、防虫等措施,避免饲料受潮、发霉或受到虫害。储存环境的温度、湿度等条件也应控制在适宜范围内,以保证饲料的质量稳定。

3. 饲料加工技术的应用

为了提高饲料的利用率和降低养殖成本,可以采用一些先进的饲料加工技术。这些技术不仅可以改善饲料的物理性状,提高其适口性,还可以破坏饲料中的抗营养因子,提高饲料的营养价值。例如,饲料粉碎技术可以将饲料原料粉碎成适当的粒度,提高畜禽对饲料的采食量和消化率。饲料混合技术则可以将多种饲料原料均匀混合在一起,确保畜禽能够摄取到均衡的营养。制粒技术则可以将混合好的饲料压制成颗粒状,便于畜禽采食和储存。此外,还有一些新型的饲料加工技术,如膨化技术、发酵技术等。这些技术可以进一步改善饲料的品质和营养价值,提高畜禽的生长速度和健康状况。

（二）环境与设施要求

1. 养殖场地选择

养殖场地的选择是畜禽养殖的第一步,也是至关重要的一步。一个适宜的养殖场地能够为畜禽提供一个安全、舒适的生活环境,有助于畜禽的健康生长。养殖场地应远离污染源。工业废气、废水、垃圾等污染源都可能对畜禽的生长环境造成污染,影响畜禽的健康。因此,在选择养殖场地时,应充分考虑周边环境,确保远离污染源。养殖场地应具备良好的自然条件。地势平坦、排水良好、通风透气是养殖场地的基本要求。这样的场地能够确保畜禽在雨天不会受到水浸,同时也能保持良好的通风条件,减少疾病的发生。此外,养殖场地还应合理规划布局。畜禽的活动空间、休息区域、饲喂区域等应合理划分,确保畜禽有足够的活动空间和舒适的休息环境。同时,养殖场地内的道路、水电设施等也应规划得当,以便于饲养管理。

2. 圈舍建设

圈舍是畜禽生活的主要场所,其建设质量直接关系到畜禽的生长环境和健康状况。因此,在圈舍建设中,应充分考虑畜禽的生活习性和生长需求。圈舍的大小、高度、采光等应根据畜禽的种类和生长阶段来确定。同时,圈舍内应设置适当的通风设施,确保空气流通,减少有害气体的积聚。圈舍的材料应选用无毒、无害、耐腐蚀的材料。这样不仅可以确保畜禽的健康,还能延长圈舍的使用寿命。同时,圈舍内部应平整、光滑,易于清洁和消毒。此外,圈舍内还应设置必要的饲喂和饮水设施。饲喂设施应方便饲养员操作,同时又能确保畜禽均匀采食。饮水设施则应保持清洁,水源充足,确保畜禽随时饮水。

3. 环境卫生管理

环境卫生管理是畜禽养殖中的重要环节。一个干净整洁的养殖环境能够有效预防疾病的发生,提高畜禽的健康水平。定期清理圈舍内的粪便和污物,这些污物不仅影响圈舍的美观,还可能成为病原微生物的滋生地。因此,定期清理圈舍是保持环境卫生的关键。消毒可以杀灭病原微生物,减少疾病的发生。在选择消毒剂时,应注意选用对畜禽无害、无残留的消毒剂。此外,还应加强通风换气,降低圈舍内的有害气体浓度。有害气体如氨气、硫化氢等都会对畜禽的呼吸道造成刺激,影响畜禽的健康。因此,保持圈舍内的空气新鲜是环境卫生管理的重要任务。

(三)健康管理与疾病防控要求

1. 建立健全养殖档案管理制度

养殖档案管理制度是畜禽健康管理与疾病防控的基础。通过建立完整的养殖档案,可以系统记录每头畜禽的生长情况、饲料消耗、疾病发生与治疗等信息,为养殖者提供有力的数据支持,以便于及时发现和解决养殖过程中出现的问题。养殖档案应详细记录畜禽的出生日期、品种、性别、体重等基础信息,以便于对畜禽进行个体化管理。同时,还应记录畜禽的饲料消耗情况,包括饲料的种类、用量和饲喂时间等,以便于分析饲料对畜禽生长的影响。养殖档案应重点关注畜禽的疾病发生与治疗情况。一旦发现畜禽出现疾病症状,应立即记录并采取相应的治疗措施。同时,还应记录疾病的发生原因、传播途径和防控措施等信息,以便于总结经验教训,提高疾病防控水平。此外,养殖档案还应定期进行更新和维护,确保信息的准确性和完整性。养殖者应根据实际情况,对档案内容进行适时调整和完善,以便于更好地指导养殖实践。

2. 加强免疫接种和预防性保健工作

免疫接种和预防性保健工作是畜禽健康管理与疾病防控的核心。通过科学的免疫程序和预防性保健措施,可以有效提高畜禽的抗病能力和体质,降低疾病的发生率。应根据畜禽的种类、生长阶段和当地疫病流行情况,制定科学的免疫程序。养殖者应定期为畜禽接种相关疫苗,以提高其免疫力,预防常见疫病的发生。同时,还应关注新出现的疫病和变异病毒,及时调整免疫策略,确保畜禽的健康安全。应重视畜禽的预防性保健工作。这包括定期驱虫、补充营养物质、改善饲养环境等措施。通过这些措施,可以增强畜禽的体质和抵抗力,减少疾病的发生。此外,还应关注畜禽的心理健康,避免过度应激和不良行为对畜禽健康的影响。

3. 加强疫病监测与诊断及生物安全管理

疫病监测与诊断是畜禽健康管理与疾病防控的重要环节。通过定期的健康检查和疫病诊断,可以及时发现和处理异常情况,防止疫病的扩散和传播。养殖者应定期对畜禽进行健康检查,包括观察畜禽的精神状态、食欲、呼吸、排泄等情况。一旦发现异常情况,应立即进行隔离观察和诊断。对于疑似疫病的畜禽,应及时采集样本送往专业机构进行病原学检测,以便于确诊并采取相应的防控措施。加强与当地兽医部门的合作与沟通也是至关重要的。养殖者应定期向兽医部门报告畜禽的健康状况和疫情发生情况,以便于及时了解和掌握疫病的流行情况。同时,还应积极参加兽医部门组织的培训和学习活动,增强自身的疾病防控意识和技能水平。

此外,生物安全管理也是畜禽健康管理与疾病防控不可忽视的一环。养殖者应严格控制外来人员和物品的进出,防止病原微生物的传入。同时,还应加强养殖废弃物的处理和利用工作,防止废弃物对环境的污染和疾病的传播。通过加强生物安全管理,可以为畜禽提供一个安全、卫生的生长环境,保障其健康与安全。

三、畜禽养殖的可持续发展

(一)资源利用与环境保护

畜禽养殖业的可持续发展首先要求合理利用资源并保护生态环境。随着养殖规模的扩大,畜禽养殖对土地、水源等资源的占用日益增加,同时养殖废弃物的排放也对环境造成了压力。因此,实现资源的高效利用和减少环境污染是畜禽养殖可持续发展的关键。在资源利用方面,应推广循环农业模式,通过养殖废弃物的资源化利用,实现养殖废弃物的减量化、资源化和无害化。例如,畜禽粪便可以经过处理后作为有机肥料还田,减少化肥的使用;养殖废水可以通过生物处理等方法进行净化,实现水资源的循环利用。此外,还应优化饲料配方,提高饲料的转化率,减少饲料浪费。在环境保护方面,应严格执行环保法规,加强养殖场的污染防治工作。对于养殖废弃物的排放,应建立严格的排放标准和监管机制,确保养殖废弃物得到有效处理。同时,还应加强养殖场的绿化工作,提高养殖场的生态环境质量。

(二)动物福利与食品安全

动物福利和食品安全是畜禽养殖可持续发展的重要内容。动物福利关注畜禽在养殖过程中的健康状况和生活质量,而食品安全则涉及畜禽产品的质量和安全性。在动物福利方面,应关注畜禽的饲养密度、饲养环境、饲料质量等方面的问题。通过改善饲养条件,提高畜禽的舒适度,可以减少畜禽的应激反应和疾病发生率,从而提高畜禽的生产性能和产品质量。同时,还应加强动物疫病的防控工作,确保畜禽的健康生长。在食品安全方面,应建立完善的质量安全追溯体系,确保畜禽产品的来源可追溯、去向可查明。通过加强养殖过程中的质量控制和监管,确保畜禽产品符合安全标准。此外,还应加强食品安全宣传和教育,增强消费者的食品安全意识和自我保护能力。

(三)科技创新与人才培养

科技创新和人才培养是推动畜禽养殖可持续发展的重要动力。随着科技的进步和养殖业的发展,新的养殖技术和管理模式不断涌现,为畜禽养殖的可持续发展提供了有力支持。在科技创新方面,应加大科研投入,推动畜禽养殖技术的创新和应用。例如,通过基因工程技术培育抗病力强的畜禽品种,减少疫情的发生;利用智能化养殖设备实现养殖环境的精准控制,提高养殖效率。同时,还应加强养殖废弃物的处理技术研发,提高废弃物的资源化利用效率。在人才培养方面,应注重培养具备专业知识和实践技能的新型职业农民。通过加强职业教育和培训,提高养殖人员的素质和能力水平。同时,还应建立激励机制,吸引更多的人才投身畜禽养殖事业,为养殖业的可持续发展提供人才保障。

第二节　动物养殖环境与卫生保健

一、动物养殖环境

(一)养殖场的选址与布局

1. 养殖场的选址考量

选址是养殖场建设的首要环节,直接关系到后续养殖活动的顺利进行。在选址过程中,应综合考虑地形、气候、水源等自然条件,以及交通、能源、市场等社会经济因素。地形地势是选址的重要考量因素。理想的养殖场应位于地势较高、排水良好的地方,以避免积水造成的环境污染和疾病传播。同时,场地应平坦开阔,便于建筑设施的布局和养殖活动的开展。应选择气候温和、光照充足的地方,以保证动物的正常生长和生产。对于高温多湿或寒冷干燥的地区,需要采取相应的措施来调节养殖环境,确保动物的舒适和健康。此外,水源是养殖活动中不可或缺的资源。选址时应确保养殖场附近有充足、清洁的水源,以满足动物饮用和养殖活动所需。同时,应注意水源的保护和合理利用,避免过度开发和污染。除了自然条件外,社会经济因素也是选址过程中不可忽视的方面。交通便利的地点有助于降低运输成本和提高物流效率;靠近能源供应地可以减少能源成本;而靠近市场则便于产品的销售和流通。因此,在选址时应综合考虑这些因素,选择最具优势的地点。

2. 养殖场的布局规划

养殖场的布局规划是确保养殖活动高效、有序进行的关键。

合理的布局可以充分利用土地资源,提高养殖效率,同时确保动物的健康和安全。一般来说,养殖场应划分为管理区、生产区、病畜隔离区等功能区域。管理区是养殖场的核心区域,包括办公室、仓库、饲料加工房等设施;生产区是动物生长和生产的主要场所,包括圈舍、运动场等;病畜隔离区则是用于隔离和治疗患病动物的区域,以防止疾病的传播。通道是养殖场内部交通的主要通道,应宽敞、平坦、易于清洁和消毒。绿化带则可以起到美化环境、净化空气、调节温度等作用,有助于提高养殖环境的质量。此外,养殖场的建筑设施也应根据动物的特点进行设计和建造。圈舍的大小、通风设施、采光条件等都需要根据动物的生长习性和生产需求进行合理安排。例如,对于需要较多运动的动物,应设置足够的运动场;对于对光照敏感的动物,应确保圈舍内有良好的采光条件。

3. 养殖场选址与布局的可持续发展思考

在养殖场的选址与布局过程中,还应注重可持续发展的理念。这意味着不仅要考虑当前的养殖需求和经济效益,还要关注未来养殖业的发展趋势和环境影响。一方面,应尽量选择那些具有良好生态环境和可持续发展潜力的地区作为养殖场址。这样可以避免对敏感生态环境造成破坏,同时也能够确保养殖业的长期稳定发展。另一方面,在布局规划中应充分考虑资源的循环利用和节能减排。例如,可以设置雨水收集系统用于冲洗圈舍和浇灌绿地;利用太阳能等可再生能源为养殖场提供电力;采用节能型建筑材料和设备等。这些措施不仅可以降低养殖成本,还有助于减少对环境的负面影响。

(二)养殖环境的调控与维护

1. 环境条件的精确调控

调控养殖环境的核心在于对温度、湿度、通风和光照等关键因素的精确控制。这些环境因素对动物的生长和发育具有显著影响,因此需要根据动物的品种、生长阶段和季节变化等实际情况进行合理调节。温度是养殖环境调控的首要因素。不同动物品种和生长阶段对温度的需求各异,因此需要通过加热、降温等方式将圈舍温度控制在适宜范围内。例如,猪舍温度应保持在 18-22 ℃之间,而鸡舍则需要稍高的温度以满足鸡的生理需求。湿度调控同样重要。适宜的湿度有助于维持动物的正常生理功能和皮肤健康。通过增加或减少通风量、使用湿度调节设备等方式,可以将圈舍湿度控制在适宜范围内,避免湿度过高或过低对动物造成不良影响。通风和光照也是养殖环境调控中不可忽视的因素。良好的通风能够保持圈舍内空气新鲜,减少有害气体和病菌的滋生;充足的光照则有助于动物的生长和发育,提高养殖效益。因此,需要根据动物的生长需求和季节变化等实际情况,合理调节通风量和光照时间。

2. 环境卫生的日常维护

养殖环境的卫生状况也是影响动物健康的重要因素。因此,需要定期对圈舍进行清理和消毒,保持环境的清洁卫生。清理工作主要包括清除粪便、残留饲料和杂物等,以减少病菌和寄生虫的滋生。同时,还需要定期更换垫料,保持圈舍内部的干燥和清洁。消毒工作则是预防疾病传播的重要手段。通过使用专业的消毒剂对圈舍、饮水设施、饲料槽等进行定期消毒,可以有效杀灭病菌和病毒,降低动物患病的风险。此外,还需要注意控制养殖密度,避免过度拥挤导致动物间的争斗和应激反应。合理的养殖密度不仅可以提高动物的舒适度,还有助于减少疾病的传播和发生。

3. 环境调控技术的创新应用

随着科技的不断发展,越来越多的先进技术和设备被应用于养殖环境的调控与维护中。这些技术创新不仅提高了养殖环境的调控精度和效率,还降低了养殖成本,提高了养殖效益。例如,智能化环境控制系统可以通过传感器实时监测圈舍内的温度、湿度、光照等环境参数,并根据预设条件自动调节通风量、加热设备等,实现养殖环境的精准控制。这种系统可以大大提高养殖环境的稳定性和可靠性,减少人为因素的干扰和误差。此外,一些新型材料和技术也被应用于养殖环境的改善中。如使用环保型建筑材料可以减少对环境的污染;利用太阳能等可再生能源为养殖场提供电力可以降低能源成本等。

(三) 环保与可持续发展

1. 减少养殖污染,保护生态环境

养殖活动产生的废弃物和污染物对生态环境构成了严重威胁。因此,减少养殖污染是实现环保与可持续发展的首要任务。通过科学配比饲料,减少饲料中的氮、磷等营养元素的过量添加,可以降低粪便中污染物的含量。同时,采用合理的饲喂方式,避免过度投喂和浪费,减少养殖废弃物的产生。养殖废弃物包括粪便、污水等,这些废弃物如果不加以处理,会对环境造成严重污染。因此,应建立科学的废弃物处理系统,如建设沼气池、堆肥场等,对养殖废弃物进行无害化处理和资源化利用。同时,推广生物发酵技

术,将养殖废弃物转化为有机肥料等资源性产品,实现废弃物的减量化、资源化。此外,还应加强养殖场的污水处理。通过建立污水处理系统,对养殖污水进行净化处理,去除其中的有害物质,使其达到排放标准后再排放,可以有效减少对水环境的污染。

2. 推广生态养殖,实现可持续发展

生态养殖是一种将动物养殖与生态环境保护相结合的养殖方式。通过模拟自然生态系统,实现养殖废弃物的自然消解和资源化利用,从而达到环保与可持续发展的目标。在推广生态养殖方面,可以借鉴一些成功的模式。例如,猪-沼-果模式,即利用猪粪生产沼气,沼渣沼液作为果树肥料,形成一个良性的生态循环。这种模式不仅可以解决猪粪污染问题,还可以为果树提供有机肥料,促进果树的生长。类似地,鸡-林-草模式也是一种有效的生态养殖方式,通过养鸡、造林、种草等活动,实现养殖废弃物的循环利用和生态环境的改善。此外,还可以结合当地的自然条件和资源优势,发展特色生态养殖。例如,在水资源丰富的地区,可以发展水产养殖与水稻种植相结合的稻鱼共生模式;在山地丘陵地区,可以发展林下养殖等模式。这些特色生态养殖方式不仅能够充分利用自然资源,还能够促进当地经济的发展和生态环境的改善。

3. 加强监管与技术创新,推动环保养殖发展

实现环保与可持续发展,需要政府、企业和社会的共同努力。政府应加大对养殖业的监管力度,制定严格的环保法规和标准,对养殖活动进行规范和管理。同时,加大对环保养殖技术的研发和推广力度,鼓励企业采用先进的环保技术和设备,提高养殖业的环保水平。企业应积极响应政府的环保政策,增强自身的环保意识和技术创新能力。通过引进和研发新的环保技术和设备,提高养殖废弃物的处理效率和资源化利用率。同时,加强内部管理,优化养殖流程,减少污染物的产生和排放。社会也应加强对环保养殖的宣传和教育力度,提高公众对环保养殖的认识和重视程度。通过媒体宣传、科普讲座等方式,普及环保养殖知识和技术,引导公众形成绿色消费理念,推动环保养殖的普及和发展。

二、卫生保健管理

(一)建立严格的消毒与防疫制度

消毒与防疫是动物养殖卫生保健管理的基石。养殖场应建立严格的消毒制度,定期对圈舍、器具、水源等进行全面消毒,以杀灭病原微生物,减少疾病的发生。同时,防疫工作也至关重要。养殖场应按照国家规定的免疫程序,为动物接种相应的疫苗,增强动物的免疫力,预防传染病的发生。在实施消毒与防疫制度时,养殖场需注意以下几点:一是选择合适的消毒剂和疫苗,确保其安全有效;二是按照规定的浓度和时间进行消毒和免疫接种;三是定期对消毒和免疫效果进行评估,及时调整措施;四是加强对养殖人员的培训,增强他们的消毒和防疫意识。

(二)加强饲料与饮水管理

饲料与饮水是动物生长和发育的基础,也是卫生保健管理的重要组成部分。养殖场应严格控制饲料和饮水的质量,确保其符合卫生标准,避免病原微生物的污染。在饲料管理方面,养殖场应选择优质的饲料原料,避免使用霉变、污染或含有禁用物质的饲料。同时,饲料的储存和加工也需符合卫生要求,防止饲料受潮、发霉或受到其他污染。此外,养殖场还应根据动物的生长阶段和营养需求,科学制定饲料配方,确保动物获得充足的营养。在饮水管理方面,养殖场应保证水源的清洁和安全。水源应远离污染源,避免受到工业废水、农药等有害物质的污染。同时,饮水设施应定期清洗和消毒,防止病原微生物的滋生和传播。此外,养殖场还需关注动物的饮水量和饮水时间,确保动物随时能够获取到清洁的饮用水。

(三)实施科学的疾病防控措施

疾病是动物养殖过程中常见的威胁之一,因此实施科学的疾病防控措施至关重要。养殖场应建立健全的疾病监测和报告制度,定期对动物进行健康检查,及时发现并处理患病动物。同时,养殖场还应加强对外来动物和物品的检疫和隔离工作,防止疾病的传入和传播。在疾病防控方面,养殖场还需注重提高动物的抵抗力。通过合理的饲养管理、营养补充和免疫接种等手段,增强动物的免疫力,减少疾病的发生。此外,养殖场还应建立应急预案,对突发疫情进行及时有效的处置,防止疫情的扩散和蔓延。除了上述措施外,养殖场还应注重动物福利和人文关怀。为动物提供舒适的生活环境、适宜的饲养密度和足够的运动空间,减少应激反应和疾病的发生。同时,加强对养殖人员的培训和教育,增强他们的专业素养和责任意识,确保卫生保健管理工作的有效实施。

三、生态养殖与可持续发展

(一)生态养殖理念与实践

生态养殖是以生态学原理为基础,通过模拟自然生态系统中的物质循环和能量流动,构建稳定、高效的养殖生态系统。它强调养殖过程中的生态平衡和生物多样性,注重资源的节约和循环利用,以实现养殖业的可持续发展。在实际操作中,生态养殖采用了多种技术手段和管理方法。例如,通过合理的饲料配方和饲喂方式,减少养殖废弃物的产生;建立水生植物和微生物的净化系统,对养殖水体进行净化处理;采用轮牧、间作等养殖方式,充分利用土地资源和光照资源等。这些生态养殖的实践不仅提高了养殖效益,也改善了养殖环境,降低了对环境的污染和破坏。同时,它们还为农民提供了新的增收途径,促进了农村经济的发展。

(二)资源循环利用与减排增效

资源循环利用和减排增效是生态养殖的核心内容。在生态养殖系统中,各种资源得到了充分利用和转化,减少了废弃物的排放和对环境的污染。例如,在畜禽养殖中,通过采用生物发酵技术处理畜禽粪便,可以将其转化为有机肥料,用于农田的施肥,从而实现了养殖废弃物的资源化利用。同时,这种处理方式还减少了化肥的使用量,降低了农田的面源污染。

此外,在渔业养殖中,通过构建水生植物和微生物的净化系统,可以利用水生植物和微生物的吸附、分解作用,去除水体中的有害物质,净化养殖水质。这不仅改善了养殖环境,还提高了养殖生物的生长速度和品质。通过资源循环利用和减排增效的措施,生态养殖不仅提高了养殖效益,还降低了对环境的负面影响,实现了经济效益和环境效益的双赢。

(三)政策引导与科技创新推动生态养殖发展

政策引导和科技创新是推动生态养殖发展的重要因素。政府在推动生态养殖方面发挥了重要作用,通过制定相关政策、提供资金支持和技术指导等方式,鼓励和引导农民采用生态养殖方式。例如,政府可以出台优惠政策,对采用生态养殖技术的农民给予资金补贴或税收减免;同时,加大技术培训和推广力度,提高农民的生态养殖技术水平。此外,政府还可以建立生态养殖示范区,展示生态养殖的成果和经验,带动周边地区的生态养殖发展。科技创新也是推动生态养殖发展的重要动力。随着科技的不断进步和创新,新的养殖技术、设备和材料不断涌现,为生态养殖提供了更多的可能性和选择。

第三章　畜牧业养殖技术的实践应用

第一节　牛羊的饲养管理技术实践应用

一、品种选择与繁育管理需要

（一）品种选择

1. 适应性考虑

在选择牛、羊的品种时,必须充分考虑其适应性,特别是针对当地的气候条件。在寒冷地区,选择耐寒性强的品种是至关重要的,这样可以确保牛、羊群在严寒的冬季也能正常生活和生产。例如,某些北欧品种的牛、羊就因其出色的耐寒性而受到青睐。而在草原地区,由于地理环境和饲草资源的特点,应选择那些适应游牧生活的品种,它们通常具有较强的迁徙能力和对草原环境的适应性。这种因地制宜的品种选择策略,可以大大提高牛、羊群的存活率和生产效益。

2. 遗传品质

在挑选牛、羊只时,应特别关注其遗传品质。优良的遗传品质往往意味着更高的生产性能和更好的体态特征。例如,产肉性能高、肉质细嫩的品种,其屠宰率和出肉率也相对较高,这无疑会增加养殖户的经济效益。为了获得这样的品种,可以通过查看其家族血统、生长记录以及生产性能测试等方式来进行评估。同时,还可以借助现代遗传技术,如基因检测,来更准确地判断其遗传品质和潜在的生产性能。

3. 市场需求

在选择养殖的牛、羊品种时,市场需求是一个不可忽视的重要因素。随着消费者口味的不断变化和市场趋势的发展,某种牛、羊肉或牛、羊毛可能会特别受欢迎。因此,养殖户需要密切关注市场动态,了解当前和未来的消费趋势。例如,如果市场对某种具有特殊风味或营养价值的牛、羊肉有较高需求,那么选择这种品种的牛、羊进行养殖就更有可能获得良好的市场回报。同时,与销售渠道建立良好的合作关系,及时了解并满足市场需求,也是确保养殖效益的关键。

(二)繁育管理

1. 选种与配种

选种与配种是提高牛、羊群质量的关键步骤。在选择种牛、羊时,必须以科学为依据,挑选体型健壮、生产性能高的牛、羊。这不仅包括对其体态、毛色、健康状况的评估,还要考察其生产记录和遗传背景。同时,根据遗传原则进行配种是确保后代优良品质的重要手段。通过合理的选配,可以结合不同个体的优点,以期在后代中体现出更加出色的生产性能和遗传品质。这一过程需要专业知识与经验的积累,以确保选种与配种的精准性和有效性。

2. 繁殖计划

制订合理的繁殖计划对于提高牛、羊群的繁殖效率和幼牛、羊存活率至关重要。这需要根据母牛、羊的生理周期、营养状况以及牛、羊群的整体生产计划来综合考虑。通过合理安排配种时间,可以确保母牛、羊在最佳生理状态下受孕,从而降低流产率,提高幼牛、羊的健康水平和存活率。此外,繁殖计划还应考虑季节因素,以避免极端天气对母牛、羊和幼牛、羊造成不利影响。一个周全的繁殖计划不仅有助于提升牛、羊群的整体品质,还能为养殖户带来更大的经济效益。

3. 后代测定与选育

后代测定与选育是牛、羊群优化的重要环节。通过对后代进行生长性能测定,可以及时了解其生长速度、体型结构、产肉性能等方面的表现。根据这些数据,选择表现优秀的个体留作种用,能够不断提升牛、羊群的整体生产性能。同时,这也需要对牛、羊群进行持续的观察和记录,以便及时发现问题并进行调整。通过后代测定与选育,可以确保牛、羊群的遗传品质得到持续优化,为养殖户创造更大的价值。

二、饲料与营养管理

(一)饲料配方与选择

饲料的配方是牛、羊群健康成长的基石,它直接关系到牛、羊的营养摄入、生长发育乃至整体健康。因此,选择适合的饲料配方显得尤为重要。当为牛、羊群挑选饲料时,必须综合考虑多种因素,其中包括牛、羊的年龄、性别、体重以及所处的生产阶段。这些因素都会影响牛、羊的营养需求。以幼牛、羊为例,由于它们的消化系统尚未完全发育,应选择那些易于消化、营养丰富的饲料,以确保它们能够迅速且健康地成长。而对于成年牛、羊,则需要根据其具体的生产性能,如产肉或产奶的能力,来精确调整饲料配方。比如,对于产奶牛、羊,需要增加饲料中的蛋白质和钙质,以满足其产奶的营养需求。一个合理的饲料配方不仅能确保牛、羊群获得全面均衡的营养,还能有效地提高其生产效率和整体健康状况。

(二)饲料质量与储存

饲料的质量确实是牛、羊群健康和生产性能的关键因素。为了确保牛、羊能够获得最佳的营养,必须对饲料质量进行严格把控。定期检查饲料的新鲜度、是否有霉变以及营养成分是否充足,这些都是必不可少的步骤。如果发现饲料出现霉变或营养成分不足,应立即更换,以免对牛、羊的健康造成不良影响。除了饲料的质量,其储存方式也同样重要。选择干燥、通风的仓库进行储存是必要的,因为潮湿的环境可能会导致饲料发霉,进而影响牛、羊的健康。同时,合理的堆放方式也是确保饲料新鲜度的关键。应遵循"先进先出"的原则,确保最早进入的饲料能够最先被使用,从而保持饲料的新鲜度。

(三)营养需求与补充

在牛、羊的养殖过程中,必须深刻认识到不同生长阶段的牛、羊对营养的需求是各异的。这种需求的差异性源于牛、羊的生理状态和生长发育的需要。举例来说,怀孕母牛、羊为了支持胎儿的正常发育,对蛋白质和矿物质的需求量会显著增加。这两种营养物质对于胎儿的生长和母体的健康都是至关重要的。再来看哺乳期的母牛、羊,由于它们需要产出大量的乳汁来哺育幼牛、羊,因此它们对能量和其他营养物质的需求也会大幅提升。为了满足这种特殊时期的营养需求,必须精心调整饲料中的营养成分,确保母牛、羊能够获得足够的能量和其他必需的营养物质。除了针对特定生长阶段的营养调整,为了维持牛、羊的整体健康,可能还需要定期为它们补充矿物质、维生素等关键营养物质。这些补充不仅可以预防营养缺乏症,还能提升牛、羊的免疫力和生产性能。

三、饲养环境与设施

(一)场地选择与布局

1. 场地选择

选择养牛、羊场地是开展养殖业务的第一步,这一步的重要性不言而喻。理想的养牛、羊场应远离交通要道、工业区、居住区和污染区,选择如荒山、荒坡等相对未受污染的地方。这样的选址能确保空气质量清新,水源纯净,为牛、羊群提供一个接近自然的环境。空气质量和水源的清洁对牛、羊群健康至关重要,能减少呼吸道疾病和水源污染引起的健康问题。此外,符合《畜禽场环境质量标准》的要求也是选址的必要条件,这不仅能保证养殖活动的合规性,还能确保养殖过程中对环境的影响最小化,实现可持续发展。

2. 布局规划

合理的养殖场布局规划是高效、安全生产的关键。养殖场应明确划分为生活管理区、养殖区、隔离饲养区和粪污处理区等功能区域,各区之间保持相对隔离,以减少交叉感染的风险。生活管理区应靠近养殖场入口,方便人员管理和物资进出。养殖区应设在场地中心,确保通风良好,光照充足。隔离饲养区用于新引进牛、羊只的隔离观察,以及病牛、羊的隔离治疗,防止疾病传播。粪污处理区应设在养殖场下风向,以减少对养殖区和生活区的污染。生产区位于生活管理区的下风向或侧风向,能有效减少生产活动对生活区的污染,提升养殖场整体环境卫生水平。

(二)饲养设施

1. 饲槽与草料架

饲槽是牛、羊群日常饮食的重要设施,其设计需充分考虑到牛、羊的习性和饲料投放的便捷性。饲槽一般设置在牛、羊舍内部、运动场或者特设的补饲栏内,这样的布局便于牛、羊群在任何天气条件下都能方便地进食。饲槽通常由砖石和水泥等坚固材料制成,以确保其耐用性和稳定性。槽内深度设计为 15 到 25 厘米,上宽下窄的形状,这样的设计巧妙地防止了牛、羊只踏入槽内,确保了饲料的卫生与清洁。而草料架作为存放饲草的重要设施,其设计也充分考虑到了饲草的保存与利用。通过将饲草放置在架子上,可以有效地避免牛、羊群的践踏,从而减少饲料的浪费,为养殖户节约成本。

2. 饮水设备

在牛、羊群养殖中,清洁的饮水是保障牛、羊群健康的关键。因此,水井或水池的建设显得尤为重要。为了确保水源的清洁,水井或水池应建在离牛、羊舍 100 米以外的地方,这样可以避免牛、羊舍内的污染影响到水源。同时,选择地势稍高的地方建设水井或水池,可以利用自然地势保证供水的顺畅。为了防止外界的污染,水井或水池的外围应设有护栏或围墙,井口或池口也要加盖,这样可以有效地保护水源,确保牛、羊群能够随时饮用到清洁的水。

3. 盐槽及盐砖

在牛、羊群饲养中,矿物质的补充对于牛、羊群的健康成长至关重要。盐槽及盐砖的设置就是为了满足牛、羊群对矿物质的需求。盐槽中主要放置盐砖或畜牧盐,这些物质富含牛、羊群所需的矿物质和微量元素。牛、羊群可以自由舔食盐槽中的盐砖或畜牧盐,以此补充体内所需的矿物质,维持身体的正常生理功能。这种自由舔食的方式不仅方便牛、羊群根据自身需求摄取适量的矿物质,还能有效预防因矿物质缺乏而引起的健康问题。

(三) 卫生与防疫设施

1. 清理设备

在牛、羊群饲养过程中,保持饲养环境的清洁卫生至关重要,而清理设备则在这一过程中扮演着关键角色。这些设备用于及时清理牛、羊舍、运动场等地的垃圾、污物以及牛、羊粪尿,从而确保牛、羊群的健康和生活环境的整洁。定期和彻底的清理工作不仅能减少病菌和寄生虫的滋生,还能为牛、羊群提供一个舒适、干燥、通风良好的居住环境。因此,选择合适的清理设备,如铲车、吸尘器等,对于提高牛、羊群的生活质量和健康水平具有重要意义。同时,合理的清理频率和操作流程也是保障牛、羊群健康的重要因素。

2. 药浴池

药浴池在牛、羊群饲养中是一个不可或缺的设施,它主要用于防治疥癣等体外寄生虫,保障牛、羊群的健康。药浴池一般用水泥筑成,形状为长方形沟状,这种设计既方便牛、羊群进行药浴,又能确保药液的均匀分布。药浴池的长度一般为 10 米左右,底部宽

30~60 厘米,上部宽 60~100 厘米,这样的尺寸设计可以适应不同体型的牛、羊群。通过定期为牛、羊群进行药浴,可以有效地预防和治疗体外寄生虫,提高牛、羊群的健康水平。同时,合理的药液浓度和药浴时间也是确保药浴效果的关键因素。在药浴过程中,还应注意观察牛、羊群的反应,确保安全有效地进行药浴。

四、疾病防控与保健

(一)疾病预防控制

1. 疫苗接种

疫苗接种是牛、羊群健康管理的关键环节,能够有效预防多种牛、羊类传染病。为了确保疫苗的有效性,必须根据牛、羊的年龄、品种以及当地疫情来制订合理的接种计划。例如,针对小牛、羊和成年牛、羊,会使用不同类型的疫苗,并调整接种的时间和剂量。此外,还会与当地的动物卫生机构保持紧密联系,根据他们提供的疫情信息更新接种策略。通过这种方式,能够最大限度地保护牛、羊群免受疾病的侵害,确保它们的健康和生产性能。

2. 隔离观察

新引进的牛、羊在进入牛、羊群之前,必须进行严格的隔离观察。这一步骤至关重要,因为它可以防止潜在疾病的传播。在隔离期间,应密切观察牛、羊的行为、食欲和体态等,以及检查是否有任何异常症状。如果发现任何可疑情况,立即采取必要的措施,如进行进一步的检查、治疗或隔离。只有确认新引进的牛、羊完全健康后,才会将其与原牛、羊群合并。这样做不仅保护了牛、羊群的健康,也确保了整个养殖场的生物安全。

3. 疫情监测

对牛、羊群进行定期的健康检查是预防和控制疾病的重要措施。通过定期检查牛、羊群的体温、呼吸、消化等情况，及时发现病患牛、羊，并采取相应的治疗措施。同时，也密切关注当地和周边地区的疫情动态，以便及时调整防疫策略。在疫情高发期，会增加健康检查的频率，并加强牛、羊舍的消毒和通风工作。通过这些措施，能够及时发现并处理病患牛、羊，防止疾病的扩散和传播，确保牛、羊群的整体健康。

（二）寄生虫防治

1. 定期驱虫

在牛、羊群饲养过程中，定期驱虫是保障牛、羊群健康的重要措施。应根据当地寄生虫的流行情况，制订出一套合理的驱虫计划。这个计划不仅考虑到寄生虫的生活史和传播途径，还结合了牛、羊群的实际情况和驱虫药物的特点。在驱虫药物的选择上，倾向于使用高效、低毒的药物，以确保既能有效杀灭寄生虫，又能减少对牛、羊群的毒副作用。实施这一计划能够有效地保护牛、羊群免受寄生虫的侵害，从而维护它们的健康和生产性能。此外，还应定期对驱虫效果进行评估，并根据实际情况调整驱虫策略，以达到最佳的驱虫效果。

2. 环境清洁

保持饲养环境的清洁卫生是预防寄生虫滋生和传播的关键。人们深知一个干净整洁的环境对于牛、羊群健康的重要性，因此会定期清理牛、羊舍和放牧场地上的粪便和污物。除了日常的清理工作，还会定期对牛、羊舍和放牧场地进行消毒处理，以进一步减少病菌和寄生虫的存活环境。这些措施不仅能够为牛、羊群提供一个干净舒适的生活环境,还能有效降低寄生虫感染的风险。同时,也应加强饲养管理,确保饲料和饮水的清洁卫生,从而全面提升牛、羊群的健康水平。

第二节 猪的饲养管理技术实践应用

一、猪的一般饲养技术

(一)合理分群

群饲可以提高采食量,加快生长速度,有效地提高圈舍和设备的利用率,提高劳动生产率,降低养猪生产成本。仔猪断奶经保育之后,要重新组群转入生长肥育舍饲养。为了避免以强欺弱、以大欺小、相互咬斗的发生,应尽量把来源、品种类型、强弱程度、体重大小相近的个体分为一群。在一群中,个体体重大小不应超过群体平均体重的10%。有条件按窝分群最好。在分群时,为了缓和争斗,可以往鼻吻部喷雾或涂抹茴香油或往猪体上喷洒气味浓郁的药液如酒精、来苏水等,使其无法从气味辨别非同群者。此外,人们在生产实践中为了避免合群时的咬斗,还总结出了"留弱出强""拆多不拆少""夜并昼不并"等做法。组群后,要保持群体相对稳定,避免频繁调进调出,确因疾病或生长发育过程中拉大差别者,或者因强弱、体况过于悬殊的,应给予适当调整。

(二)群体规模与圈养密度

在一般情况下,种公猪单圈饲养,每圈面积 9 m²;空怀和妊娠前期母猪采取群饲制,每群可以 5~8 头,每头占栏面积 1.8~2 m²。肉猪每圈群体规模的大小与圈养密度的高低均影响其生产性能的表现。在每个圈栏面积一定的情况下,群体的规模越大,或者密度越高,猪的咬斗次数就会增加,休息时间和采食量都会减少,日增重和饲料利用率下降,还会改变猪的行为,圈舍卫生不良,疾病发病率明显上升。如果群体规模和饲养密度过小,则圈舍利用不经济;而且在寒冷季节,没有人工保温条件的猪舍,小环境温度过低,对生产性能也有不良影响。

表 3-1 资料显示,每头平均占栏面积 1 m² 和 2 m²,比每头平均占栏面积 0.5 m² 的增重速度分别提高 12.2% 和 14.7%,饲料转化率分别提高 9.8% 和 11.1%。由表 3-2 可见,每圈饲养 10~20 头比较适宜,与每圈 40 头相比,增重速度提高 9.3%~12.6%,饲料利用率提高 7.8%~9.0%。采用实地面、部分漏缝地板和全漏缝地板每头猪的最小占地面积见表 3-3。

表 3-1 圈养密度与猪生产表现

头数/圈	m²/头	平均日增重(g)	相对值(%)	饲料/增重	相对值(%)
15	0.5	539	100	3.42	100
15	1	605	112.2	3.12	91.2
15	2	618	114.7	3.04	88.9

表 3-2 每圈群体规模与肉猪生产情况

头数/圈	平均日增重(g)	相对值(%)	饲料/增重	相对值(%)
40	525	100	3.35	100

续表3-2

头数/圈	平均日增重(g)	相对值(%)	饲料/增重	相对值(%)
20	574	109.3	3.09	92.2
10	591	112.6	3.05	91

表3-3　肉猪适宜饲养密度

体重阶段(kg)	每栏头数	每头猪最小占地面积(m²)		
		实地面	部分漏缝地板	全漏缝地板
18~45	20~30	0.74	0.37	0.37
45~68	10~15	0.92	0.55	0.55
68~95	10~15	1.10	0.74	0.74

(三)科学配制饲料

为了保证各类猪只都能获得生长与生产所需的营养物质,应根据各猪群的生理阶段及体况的具体表现和对产品的要求,按照饲养标准的规定,分别拟定一个合理使用饲料,保证营养水平的饲养方案。如空怀期营养水平与妊娠期就不同;妊娠前期对体况较好的母猪,如果提供高能量水平的日料,易导致胚胎早期死亡,而体况较差的妊娠母猪则需要能量较多。由此可见猪的生理特点不同其饲养方案也不同。肥育猪日料的能量水平与增重和肉脂有密切的关系,摄取能量越多,日增重越快,胴体脂肪含量越多,膘就越厚。因此,若追求日增重可采取自由采食的方法,若为了得到较高的瘦肉率可采取限饲的方法。可见对产品要求不同,饲养方案也应有所不同。

（四）饲喂技术

1. 生喂与熟喂

据报道,用生料喂猪比熟料喂猪每千克增重饲料消耗降低11%~34%,日增重提高15%~30%。猪的消化道分泌液增加87%,用生料喂猪具有节约燃料、劳动力、饲养设备、降低生产成本的优点,并且能提高猪的日增重和饲料利用率。据上海农科院畜牧所试验,体重在19.5~43.5 kg阶段,生料组比熟料组增重提高19.6%;43.5~81.5 kg阶段增重提高3.5%,经测定生料组蛋白质的消化率较熟料组提高4.6%,粗脂肪提高4.9%,而粗纤维下降5.65%。有人认为熟喂比生喂好,这与所用饲料种类不同有关,有些饲料如甘薯、大豆、豆饼等种类饲料煮熟后,适口性好,消化率高;并且大豆、豆饼,含有的抗胰蛋白抑制酶、血红细胞凝集素、皂角苷、尿素酶等经加热处理破坏酶的活性后饲喂效果较好。还有些饲料煮熟后可以起到灭菌和去掉饲料中有毒物质的作用,但大部分饲料煮熟后营养价值降低,维生素被破坏及部分蛋白质凝固。例如,玉米、大麦、麸皮、米糠等生喂营养价值高,煮熟后营养价值降低10%,因此采用配合饲料饲喂肉猪宜生喂。

2. 料形选择

饲料的配制加工主要是为了便于猪采食和易于消化。日常用的饲料物理形态有颗粒料、湿料和干粉料等,在投饲时就有干喂和湿喂。干喂的优点是省工,易掌握喂量,可促进唾液的分泌与咀嚼,不用考虑饲料温度;剩料不易腐烂或冻结,如果再采用自动饮水,可大大提高劳动生产率和圈舍利用率。缺点是浪费饲料较多,同时过期饲料影响采食量和呼吸道健康。湿喂的优点是便于采食,浪费饲料少,还能减少胃肠道紊乱的发病率,并可节省饮水次数。因此,选择适宜的饲料形态是值得重视的问题。一般来说,颗粒料喂肉猪,日增重和饲料转化率优于湿拌料,湿拌料(料、水,比例为1:1)优于干粉料,干粉料优于稀料。但在生产实践中选择哪一种饲料物理形态,要根据条件、设备、饲喂方法及经济效益而定。我国目前经济条件较好的猪场和饲养户已开始应用饲喂效果较好的颗粒料喂肉猪。湿喂是我国采用较多的一种形态,由于料水比例不同,又可分为湿拌料、稠料、稀料。据试验,湿拌料喂猪效果优于稠料、稠料优于稀料,因其为干物质、有机质、粗蛋白质和无氮浸出物的消化率均比稀料高,氮在体内存留率也高。拌湿的程度,在人工投饲情况下,粉料拌成用手握成团,但手指缝不出水,放手落地即散开为度。目前我国有些地区仍然饲喂稀料,应加以改变。

3. 饲喂方式

肉猪的饲喂方式一般分为自由采食和限饲两种。自由采食的猪,其日增重高,育肥期短,饲料转化率较高;但脂肪沉积较多,背膘厚。限饲的猪,其背膘薄,胴体瘦肉率高,但饲料转化率较低,日增重差,育肥期长。对肉猪采取何种饲养方式,要根据对肉猪的胴体品质要求而定。例如,若为了得到较高的日增量,以自由采食为好;若为了追求胴体瘦肉率,则以限饲为好;如果为了既要得到较好的日增重,又要得到较好的胴体瘦肉率,可采取前期(50~60 kg以前)自由采食、后期限饲的饲养方式。限饲的方法,有限质和限量等,限质就是降低日粮能量浓度;限量就是减少饲料喂量。研究表明,在肥育后期减少自由采食喂量的10%~20%为宜。我国饲养肉猪的限量饲喂方式,大多是每天喂2~3次的定量投饲。因此,在采用按顿群饲时,要有足够料槽位;使位次较低的猪在采食时能吃上料,对于自由采食方式,并不要求所有的猪同时都能采食,所以料槽位可适当紧一些。

4. 日喂次数

自由采食,不必顾及日喂次数。在限饲或定时投料的情况下,可根据采用的饲料形态、日粮的营养物质浓度、饲料的体积大小、猪只年龄或体重等来确定日投饲次数。在日粮的质量和数量相同的情况下,进行定量饲喂时,日投饲次数的多少,对肉猪生产性能表现的影响没有显著差别。因此,一般日喂 2 次即可;但在小猪阶段,为了避免断奶后换料的应激反应,可适当增加日喂次数。

5. 饲料更换原则

在养猪生产中要求最好保持饲料的相对稳定,但增减或变换饲料又是生产中经常遇到的实际问题。正确的做法是:增加或变换饲料时,应逐渐过渡即用新料按 1:3、1:2、2:3 的比例逐渐替代老料。不可突然打乱猪的采食习惯,骤减或突增以及突然变换饲料种类会引起消化机能紊乱。

6. 供应充足清洁的饮水

水是维持猪体生命力不可缺少的物质,猪体内水分占 55%~65%,也是猪的最重要的营养物质之一。据观察,猪吃进 1 kg 饲料需水 2.5~3 kg,才能保证饲料的正常消化和代谢。如果饮水不足,会引起食欲减退,采食量减少,致使猪的生长速度下降,脂肪沉积增加,饲料消耗增多,严重者引起疾病。猪的饮水量,一般春秋季应为采食饲料风干重的 4 倍或约为体重的 16%;夏季为 5 倍或体重的 23% 左右;冬季为 2~3 倍或体重的 10% 左右。供猪饮水一般用自动饮水设施比较好。

（五）搞好卫生防疫

圈内勤打扫、勤垫。定期消毒，按时防疫，注射疫苗。定期驱虫灭虱，发现病猪应及时隔离，对病尸做好处理。对新购入的猪应及时接种疫苗，并隔离饲养观察 1~2 个月确定无病后再合群饲养。为了防止疫病的传播，最好坚持自繁自养。对于养猪场内工作人员要严格要求，做好防疫消毒制度。外面人员不能随便进入猪场内，如非需要进入不可，进入人员要严格消毒，进场必须穿上胶鞋和工作服，门口必须设消毒池，紫外线灯等消毒设施。

（六）建立起稳定的管理制度

根据猪的生活习性，做到按规定时间给料、给水。投料量按规定给予，并保证饲料清洁新鲜，不喂发霉、变质、腐败、冰冻的饲料。饲料变换要逐渐进行，观察猪群的食欲、精神、粪便有无异常，对不正常的猪要及时诊治。要建立一套周转、出售、称重、饲料消耗、配种、哺乳、治疗等记录档案。

二、种公猪的繁殖与饲养管理

（一）种公猪的繁殖利用

1. 公猪精液品质

公猪精液品质是影响母猪能否受胎和产崽数高低的重要因素。一头成年公猪一次射精量约为 200 ml（150~350 ml），过滤后其净精液量约占 80%；精液中精子约占 2%~5%，每毫升精液中约有 1.5 亿个精子。品质优良的精液呈乳白色，具有特殊腥味，无臭味或腐败味;每毫升精液中有效精子数应在 1 亿个以上,畸形精子在 10%~15% 以下。如果精液带有红色或绿色,死精子或畸形精子多,射精量过少和精液密度过稀,均属品质不良。造成公猪精液品质差的主要原因有:公猪本身不健康或有生殖机能障碍;饲养管理不当;使用频繁;精液保存、稀释和运送过程中出现差错等。

2. 初配年龄

适宜的初配年龄,有利于提高公猪的种用价值。过早配种会影响公猪的生长发育、缩短利用年限,如生产中许多猪场和饲养户饲养的公猪因过于早配,个体不仅小于同品种母猪,而且使用年限短,过早淘汰,增大公猪培育的费用;过晚配种会降低性欲,影响正常的配种,而优秀公猪不能及时利用,同样不经济。公猪的初配年龄随品种、个体发育而异,地方品种以 7~8 个月龄,体重达 60~70 kg;引入品种以 9~10 个月龄,体重 120 kg 以上为宜。初配公猪的体重以达到该品种成年体重的 50%~60% 为宜。对初配小公猪进行配种调教,让其观摩到有经验公猪的正确配种行为;配种时给予人工辅助,如纠正爬跨姿势、帮助阴茎插入母猪阴道等。初配公猪应选择发情明显的经产母猪。

3. 利用强度

在采用此交配的情况下,一头公猪一年可负担 20~30 头母猪的配种任务,其中年轻公猪可负担少一些;如果采用人工授精,在集中配种情况下可负担 500~600 头母猪的配种任务。公猪的配种次数根据年龄而有所不同,年轻公猪以每天不超过 1 次为宜,连续交配 2~3 天休息 1 天;成年公猪每天 1 次,每周停配 1 天。在配种繁忙季节,一天内配种不超过 2 次,每周 7 次,如果利用过度,射精量和精子数量降低,有时会出现尿血现象,不易恢复。夏天配种时间应安排早晚凉爽时进行,要避开炎热的中午;冬天安排在上午和下午天气暖和时进行,要避开寒冷的早晚,配种前后 1 h 内不要喂食,不要饮冷水,不要用冷水冲洗猪身,以免危害健康。长期未配种或未采精的公猪,衰老或死精子的多,应经过几次采精后,直到精液正常后才能配种。

4. 利用年限

公猪的利用年限一般为 3~4 年(4~5 岁),2~3 岁时是配种最佳时期。种公猪利用年限应视猪场的任务、种猪的质量而定,一般繁殖场大多饲养到 4~5 岁就予以淘汰,年更新率通常为 20%~25%。

(二)种公猪的饲养管理

1. 公猪的饲养

只有在适宜的营养水平下,公猪才能保持体质健康结实,性欲旺盛,精液品质优良,配种能力强。如果营养水平过高,公猪体内沉积过多的脂肪,使公猪过肥,配种能力降低;反之,营养不足或水平过低,可使公猪体内脂肪蛋白质耗损,公猪变得消瘦,影响到健康和配种能力。所以,对公猪的饲养绝不允许过肥或过瘦。

饲粮中蛋白质的数量和质量直接影响精液数量和品质。一般的年轻公猪或配种期公猪,每千克饲料中粗蛋白质不低于 14%;成年公猪或非配种期每千克日粮粗蛋白质可占 12%。在配种期,还应补充一些品质优良的动物性蛋白质饲料如:鱼粉、鸡蛋、肉骨粉、蚕蛹等,可明显提高精液的数量和质量。日粮中钙、磷不足会产生发育不良、活力不强或者死亡的精子,适宜的钙、磷比例应为 1.5:1。微量元素铁、铜、锌、硒、碘等也可间接或直接影响精液品质,但在补加有毒的微量元素时应注意其中毒剂量。维生素的数量对精液的数量和质量也有影响,特别是维生素 A、维生素 D、维生素 E 等缺乏还会使公猪的性欲降低,长期缺乏会使睾丸肿胀或干枯萎缩,丧失配种能力。维生素 D 又会影响钙磷的吸收。每日喂给少量品质优良的青绿饲料可以补充维生素。

饲喂量应根据年龄、体况、配种任务而定。一般年轻公猪配种期内喂料 2.5~3 kg,年纪大的公猪日喂 2.5 kg 左右;非配种期日喂料 1.8~2.3 kg。公猪日粮的体积不宜过大,每次不要喂得过饱,不要饲喂稀料,以免造成垂腹而影响配种。

2. 公猪的管理

(1)单圈饲养

单圈饲养可减少干扰刺激,有利于公猪健康,公猪圈栏应加高,可达 1.3 m,以免跳圈等意外事故发生。每间圈栏面积可略大些(7~9 m²),有利于公猪的活动。

(2)保持猪体清洁

为了预防公猪体外寄生虫和皮肤病,以及受伤处能及时发现治疗,要经常刷拭猪体,保持清洁。阴囊较脏时,散热功能就会降低,夏天反复冷浴阴囊具有较好的散热效果。

(3)防暑降温

防暑降温一般认为低温对公猪的繁殖能力无不利影响,高温会降低公猪的造精机能,产生精子减少症、无精症等疾病,因此采取一些降温措施,以避免热应激对公猪精液品质的影响是十分重要的。

(4)运动

运动可以增强机体的新陈代谢,锻炼神经系统和肌肉,增强骨骼的结实性,提高繁殖机能,降低淘汰率。运动方式包括在运动场上的自由活动、在指定场上进行驱赶运动、沿限定的跑道做前进运动等。运动量每日为 0.5~1 h,1~2 km。酷暑寒冬应避免在一天中最热最冷的时间运动。配种任务繁重时应酌减运动量或暂停运动,以免过度疲劳,影响配种。

第三节　鸡、鸭、鹅的饲养管理技术实践应用

一、鸡的饲养管理技术应用

(一)选育优良鸡种

选育优良鸡种是养鸡业成功的基石,它直接决定了鸡群的整体质量和生产效益。为了获得高品质的鸡种,我们必须从源头上进行把控,选择正规、有信誉的育种机构引进种鸡。这样做不仅确保了种鸡的遗传背景清晰,减少了不良遗传因素的影响,还能保证鸡只生长速度快、抗病力强,从而提高了饲养效率和经济效益。在引进种鸡时,我们还应特别关注其经济性状,如产蛋性能和肉质口感等。这些性状直接关系到产品的市场竞争力,因此必须精心挑选,以满足消费者的需求和偏好。为了做到这一点,我们可以参考市场上的销售数据和消费者反馈,选择那些受欢迎且经济效益高的鸡种。在选育过程中,个体选择是至关重要的一环。我们应仔细观察和评估每只鸡的表现,挑选出体型外貌符合品种标准、生产性能优秀的个体留种。这不仅有助于保持鸡群的优良性状,还能为后续的育种工作提供优质的基因库。此外,为了不断提高鸡种的品质,我们还需要不断更新和优化鸡种。通过杂交、基因编辑等先进的技术手段,我们可以进一步提高鸡种的遗传品质,使其更适

应市场需求和生产环境。

(二)科学管理,提高雏鸡成活率

科学管理在提高雏鸡成活率中扮演着至关重要的角色。为了确保雏鸡能够健康成长,我们首先要营造一个良好的生活环境,特别是雏鸡舍的温度、湿度和通风条件。这些环境因素的适宜性直接影响到雏鸡的生长和发育。过高或过低的温度都可能导致雏鸡出现应激反应,甚至死亡。因此,我们需要根据雏鸡的生长阶段和外部环境变化,及时调整鸡舍的温度和湿度,确保雏鸡能够在舒适的环境中成长。除了环境条件外,科学的饲养计划也是提高雏鸡成活率的关键。我们要根据雏鸡的营养需求,合理配制饲料,保证其获得全面均衡的营养。饲料中应含有足够的蛋白质、维生素、矿物质等营养成分,以满足雏鸡生长的需要。同时,我们还要根据雏鸡的生长情况,及时调整饲养管理措施,确保其健康成长。此外,疫病防控也是科学管理的重要组成部分。雏鸡由于免疫力相对较低,更容易受到病原体的侵袭。因此,我们需要定期进行疫苗接种和驱虫,以降低雏鸡的死亡率。在疫苗接种方面,我们要根据雏鸡的日龄和疫苗接种程序,合理安排接种时间,确保疫苗的有效性。在驱虫方面,我们要选择合适的驱虫药物,按照说明书使用,以避免药物残留对雏鸡造成危害。

(三)搞好肉鸡育肥

肉鸡育肥在养鸡业中占据着举足轻重的地位,因为它不仅直接关系到鸡肉的品质,还影响到整体的产量,进而决定养殖者的经济效益。为了确保肉鸡育肥工作的顺利进行,我们必须采取一系列精心设计的科学管理措施。首要任务是确保饲料和水源的充足供应。饲料是肉鸡生长的主要营养来源,因此我们必须选择高质量、营养全面的饲料,并根据肉鸡的生长阶段和需求进行合理配比。同时,清洁、新鲜的水源也是必不可少的,它能保证肉鸡的正常生理活动和健康生长。合理控制饲养密度同样至关重要。过高的饲养密度不仅会影响肉鸡的生长速度,还可能增加疾病传播的风险。因此,我们需要根据鸡舍的大小、通风条件和肉鸡的生长阶段来合理规划饲养密度,确保每只肉鸡都有足够的活动空间和舒适的生长环境。此外,我们还应根据肉鸡的生长阶段和市场需求,灵活调整饲料配方和饲养方式。例如,在肉鸡生长的不同阶段,我们需要提供不同配比的饲料,以满足其不同阶段的营养需求。同时,我们还可以尝试采用分阶段饲养、限制饲养等先进的饲养方式,以达到最佳的育肥效果。

(四)加强蛋鸡的饲养管理

加强蛋鸡的饲养管理是提升产蛋量和保障蛋品质不可或缺的一环。为了实现产蛋量和蛋品质的双重提升,我们必须为蛋鸡营造一个舒适、健康的生活环境。这意味着要确保鸡舍的温度、湿度和通风都维持在最适宜的水平,使蛋鸡能够在最佳状态下生产。同时,制订科学的饲养计划也是至关重要的。我们应根据蛋鸡的营养需求和生长阶段,精心选择和配制饲料,确保它们能够获得全面而均衡的营养。这不仅有助于蛋鸡保持健康,还能直接提升产蛋量和蛋的品质。在饲养过程中,我们不能忽视对蛋鸡生产情况的持续关注。通过定期检查和记录每只蛋鸡的生产数据,我们可以更准确地评估其生产性能,并根据实际情况及时调整饲养管理措施。这种动态的管理方式能够更有效地提高产蛋量,确保蛋品质的稳定性。此外,疫病防控工作也是饲养管理中不可或缺的一部分。为了降低疾病发生率,我们需要定期进行疫苗接种,增强蛋鸡的免疫力。同时,严格的消毒工作也必不可少,它能够有效减少病原体的传播,为蛋鸡提供一个更加安全的生长环境。

二、鸭的饲养管理技术应用

(一)肉鸭的饲养

肉鸭的饲养,其核心目标在于追求快速生长与高品质肉质。为了达到这一目标,饲养者需要精心挑选出优质的肉鸭品种,这是饲养成功的基石。不同的肉鸭品种,其生长潜力和肉质特性也各不相同,因此,在选择品种时,我们必须根据市场需求和饲养条件,综合考虑生长速度、饲料转化率、肉质口感等多方面因素。在饲养环境上,通风、温度和湿度的控制显得尤为重要。鸭舍应设计得既通风又保暖,以确保在任何季节都能为肉鸭提供一个稳定且舒适的生活环境。适宜的通风可以有效减少疾病的发生,而恒定的温度和湿度则有助于肉鸭保持最佳的生长状态。饲料的选择同样不容忽视。为了促进肉鸭的快速生长和改善肉质,我们应选择营养全面、易于消化吸收的高质量饲料。此外,随着肉鸭的生长,其营养需求也会发生变化。因此,饲养者需要根据肉鸭的生长阶段,及时调整饲料配方,以满足其在不同生长阶段的特定营养需求。疫病的预防和控制是饲养过程中不可忽视的一环。为了确保肉鸭的健康生长,饲养者应定期进行疫苗接种,以增强肉鸭的免疫力,降低疾病风险。同时,定期的驱虫也是必不可少的,以减少寄生虫对肉鸭生长的影响。在饲养过程中,饲养者还应密切关注肉鸭的生长情况。

（二）麻鸭的饲养

麻鸭的饲养与肉鸭的饲养策略存在着显著的差异,其核心理念在于保持并凸显麻鸭那独有的鲜美风味以及出色的产蛋能力。为了达到这一饲养目标,我们必须从源头抓起,即从选种工作开始就要严格把关。在挑选麻鸭种苗时,我们应注重选择那些体型适中、毛色纯正且体态健康的鸭苗,这样的种苗更有可能成长为高品质的成鸭。在饲养环境方面,麻鸭对生活环境的要求也相对较高。为了保证麻鸭能够正常生长并维持高产蛋率,我们需要为它们提供一个宽敞、干净且安静的鸭舍环境。过于拥挤或嘈杂的环境可能会导致麻鸭产生应激反应,进而影响其生长和产蛋性能。因此,合理规划鸭舍空间,确保每只麻鸭都有足够的活动区域,是饲养高品质麻鸭的重要前提。在饲料选择上,我们应该根据麻鸭的营养需求来精选饲料,确保它们能够获得全面均衡的营养。此外,为了进一步提升麻鸭的风味,我们可以适当在饲料中添加一些天然食材,如新鲜的小鱼、小虾等。这些食材不仅能够为麻鸭提供丰富的蛋白质和微量元素,还能使其肉质更加鲜美,满足消费者对高品质麻鸭的需求。当然,除了上述几个方面外,日常管理和疫病防控也是饲养高品质麻鸭不可忽视的环节。我们要定期巡视鸭舍,及时清埋粪便和污物,保持鸭舍的清洁卫生,以降低疾病发生的风险。同时,我们还要密切关注麻鸭的健康状况,一旦发现任何异常情况,如食欲不振、行动迟缓等,都应立即采取措施进行治疗,确保麻鸭的健康生长。

三、鹅的饲养管理技术应用

(一) 育雏期的饲养管理

育雏期是鹅饲养中最为关键的环节之一,这一阶段的饲养管理对于雏鹅的生长和发育具有决定性的影响。为了确保雏鹅能够健康成长,我们必须为其提供一个适宜的生活环境,其中温度和湿度的控制显得尤为重要。在育雏期,雏鹅对外界环境的适应能力相对较弱,因此需要特别关注鹅舍内的温度和湿度。如果温度过低,雏鹅容易感冒,影响其正常生长;而温度过高则可能导致雏鹅中暑,甚至死亡。同样,湿度过高会导致雏鹅羽毛潮湿,容易滋生细菌,引发疾病;湿度过低则可能使雏鹅脱水,影响其健康。因此,我们需要根据天气和鹅舍的具体情况,及时调整温度和湿度,为雏鹅创造一个舒适、安全的生活环境。除了环境控制外,饲料和饮水的供应也是育雏期饲养管理的重点。雏鹅在生长过程中需要大量的营养来支持其快速生长,因此我们必须确保其获得充足、全面的饲料。同时,饮水的清洁和新鲜也至关重要,以防止雏鹅因饮水不洁而引发疾病。为了满足雏鹅的营养需求,我们还需要根据雏鹅的生长情况,及时调整饲料配方和饲喂量,确保其获得均衡的营养。在育雏期,我们还需要密切关注雏鹅的生长情况,通过观察雏鹅的行为、食欲和体态等,我们可以及时发现潜在的健康问题,并采取相应的管理措施进行干预。例如,如果雏鹅出现食欲不振、行动迟缓等症状,可能意味着其健康状况不佳,需要及时进行治疗和调整饲养环境。此外,饲养密度和光照时间也是影响雏鹅生长的重要因素。过高的饲养密度可能导致雏鹅之间互相挤压、争斗,影响其正常生长;而光照时间不足则可能影响雏鹅的骨骼和羽毛发育。因此,我们需要根据雏鹅的生长阶段和鹅舍的具体情况,合理调整饲养密度和光照时间,以促进雏鹅的健康成长。

(二)育成期的饲养管理

随着鹅的生长,育成期的饲养管理变得尤为关键。在这个阶段,鹅的骨骼和肌肉进入迅速发育的阶段,对于营养的需求也日益增长。为了确保鹅能够健康成长,满足其生长需求,我们必须提供充足的饲料和全面的营养。为了满足鹅在育成期的营养需求,我们需要精心选择饲料,确保其富含高质量的蛋白质、脂肪、维生素和矿物质等营养成分。这些营养物质对于鹅的骨骼和肌肉发育至关重要,能够提供必要的能量和养分,支持鹅的快速生长。除了提供充足的饲料和营养外,我们还可以通过适当地增加青绿饲料的比例来增强鹅的体质和抗病能力。青绿饲料富含维生素和矿物质,能够有效地提高鹅的免疫力,减少疾病的发生。同时,我们还可以根据鹅的营养需求,额外补充维生素和矿物质等营养物质,以确保鹅的全面发展。此外,在育成期,加强鹅的运动也是饲养管理中的重要环节。适当的运动能够促进鹅的新陈代谢,提高消化吸收能力,有助于鹅的健康成长。我们可以为鹅提供足够的活动空间,让其自由活动,或者定期进行驱赶,增加鹅的运动量。

(三)产蛋期的饲养管理

产蛋期是鹅饲养过程中至关重要的一个环节,此时的饲养管理对于确保鹅的高产稳产以及蛋的品质具有决定性的影响。为了确保这一阶段的成功,养殖者需要采取一系列精心设计的饲养管理措施。首先,为了满足产蛋期鹅的营养需求,提供营养丰富的饲料是必不可少的。特别需要增加饲料中的蛋白质、维生素和矿物质的含量。蛋白质是鹅蛋形成的主要原料,维生素和矿物质则对鹅的生理机能有重要的调节作用。这些营养物质的充足摄入,不仅能保证鹅的健康,还能提高蛋的品质。其次,鹅舍的环境管理也是产蛋期饲养管理的关键环节。鹅舍需要保持安静,避免噪声干扰,因为鹅对环境中的声音非常敏感,过度的噪声可能会影响其产蛋。同时,鹅舍还要保持干燥和通风,以防止湿度过大引发疾病,并确保空气新鲜,为鹅创造一个舒适的产蛋环境。另外,在产蛋期,适当增加光照时间也是非常重要的。光照能刺激鹅的性腺发育,提高其产蛋欲望。养殖者需要根据实际情况,合理安排光照时间和强度,以达到最佳的刺激效果。

第四章 农作物生产技术

第一节 水稻高产栽培技术

一、育秧技术

（一）种子处理

1. 晒种

晒种可使谷壳透气好,吸水快,并增进酶的活性,提高种子的发芽率和发芽势。一般晒种 1~2 天,应做到薄摊、匀翻、晒匀、晒透,但不可将种子直接摊在水泥地上暴晒,以免损伤种子。

2. 选种

除对种子进行风选、筛选外,还须采用泥水或盐水选种,所用溶液的比重一般可按籼稻 1.08~1.12,粳稻 1.11~1.13 掌握,大约 100 千克水加细黏土 30 千克或食盐 15 千~20 千克。选种后须用清水冲洗干净,以免影响发芽。

3. 消毒与浸种

对水稻种子消毒,可杀灭病菌,如稻瘟病、白叶枯病、恶苗病等。种子消毒可结合浸种进行。常用药剂有"402"、线菌清、多菌灵等。一般用 80% 的"402"2 000 倍液,多菌灵 1 000 倍液,线菌清

600 倍液浸种消毒。可先将种子在清水中预浸 10～12 小时,再在药液中浸 16 小时,如种子消毒已达到预期时间,而稻谷吸水量不足,应换清水继续浸种(浸种时间,早稻为 2～3 天,晚稻 1～2 天)。催芽前一定要将种子清洗干净,以免影响发芽。

(二)催芽

催芽的目的是人为地创造一个最适宜的发芽条件,促使稻谷发芽快而整齐。催芽的标准,一般早稻要求根短芽壮,根长一粒谷、芽长半粒谷为宜;晚稻播种时气温已高,破胸露白即可。

早稻种子整个催芽过程可分为 4 个阶段:第一,保温露白。为使破胸露白迅速整齐,催芽前先将种子在 50 ℃左右的热水中淘种预热 2～3 分钟后入堆,温度可保持在 35～38 ℃,20 小时左右即可露白。这个阶段谷堆温度不能过低,水分不能过多,以免产生"现糖"。第二,适温催根。种子破胸后,呼吸作用相当旺盛,释放大量热量,因而谷堆温度会自行升高。此时应将温度控制在 30～35 ℃之间,40 ℃以上时会造成高温烧芽。因此要加强检查,当谷堆温度过高时,应及时翻堆散热,淋 30～35 ℃的温水降温。第三,保湿催芽。齐根后要适当控制根的生长,促进芽的生长。根据干长根、湿长芽的道理,这时要结合翻堆淋 25 ℃的温水,以保持谷堆湿润,达到根齐芽壮。第四,降温炼芽。当根芽长到要求长度后,可将稻谷在室内摊晾炼芽,并结合喷洒适量的冷水,以适应播种后田间自然温度。

(三)秧田准备

1. 留足秧田

在农作物种植中,合理规划和留出足够的秧田是至关重要的。

秧田与大田的比例关系到农作物的种植效率和产量。根据不同种植制度和稻作类型,秧田与大田的比例有所不同。例如,在两熟制早稻中,比例大约为 1:10~12,这意味着每 10 到 12 单位的大田需要配备 1 单位的秧田。对于早熟和迟熟春花田早稻,以及连作晚稻和单季稻,该比例也各有差异。正确设置这一比例可以确保农作物的顺利移栽和生长,从而优化资源利用,提高农作物的整体产量。

2. 选好田块

选择适合的田块对于农作物的生长至关重要。理想的秧田应具备多项条件:土质松软以便于秧苗根系的生长和发育;地势平坦有助于均匀灌溉和排水;水源清洁可保证秧苗生长环境的卫生,减少病害的发生;灌排方便则能在需要时及时调整田间水分;阳光充足和通风良好为秧苗提供必要的生长条件;无病源和杂草少则能进一步确保秧苗的健康生长。

3. 精做秧板

半旱秧田的土壤通透性好,秧苗扎根好,根系发育健壮,抗逆性强。半旱秧田耕整的步骤是"干耕干耙作干畦,放水验平耥泥浆"。要求达到"畦面平光,沟边整齐,上糊下松,软硬适中"的标准。一般秧板宽 1.5 米,沟宽 0.2 米。秧田基肥的施用应视前作和土壤肥力而定。一般每亩秧田施腐熟有机肥 750~1 000 千克,碳酸氢铵 15~20 千克,结合耕耙施下。配施过磷酸钙 20 千克左右,氯化钾 7.5 千克左右,在做毛秧板时施下。前作为油菜田等土质较好的秧田可不施或少施氮肥。

二、移栽技术

（一）整地

包括耕翻、平地、耙地及施肥等。从整地时间上，可以分为秋整地和早整地，秋整地即秋天耕翻，春天耙地，这种方法有利于熟化土壤，杀虫灭草。春整地多数地区采用早翻、早耙、早平地。早整地要到头、到边，不留边角，同一地块内高低差不应超过 10 厘米，地表有 10~12 厘米的松土层。插秧前进行水整地，水整地是用水泡田 2~3 天，然后水田拖拉机带动耙地机械耙平泥土层。作业标准是：上糊下松，泥烂适中，土地平整，土壤细碎，同池内高低差不大于 3 厘米，地表有 5~7 厘米泥浆。

近年来生产上提倡旋耕，因为旋耕的碎土能力强，耕后土层细碎，地面平整，蓬松度高，稻茬覆盖率为 50%~80%，耕层养分和草籽呈上多下少趋势。旋耕一次即起到松土、碎土、平地的作用，可代替翻、耙、耢等项作业，减少拖拉机对土壤的挤压和破坏，显著节省能源和用工。由于作业时间短，对提高作业质量，争得农时十分有利。旋耕深度可达 10~14 厘米。但与犁耕相比，由于耕层较浅，生产上提倡连续旋耕 2~3 年后深耕一次。

（二）施基肥

本田施肥要有机肥和无机肥配合，氮磷钾配合，以提高肥料利用率。稻田施用基肥，一般每亩施腐熟有机肥 1 000~1 500 千克。氮肥由于需求量大，容易流失，特别是尿素，前期低温容易形成缩二脲，对稻根产生毒害，所以应将全年氮肥用量的 30%~50% 作基肥，全层施或深施。磷肥能促进稻苗发根和分蘖，流动性小，不易流失,可以全部作基肥施用。钾肥在土壤中的移动性比氮小、比磷大,一般以全生育期施用量的 60%~70% 与基施的氮、磷混合,作基肥施用,余下的 30%~40% 作穗肥施用,有利于提高水稻中后期的光合作用,增强茎秆的抗倒伏能力。

基肥全层施用主要有两种方法:一是在泡田前将肥料撒施于地表,通过旋耕或耙地将肥料混拌在耕层中,然后泡田水整地。该法人在旱田行走方便,操作简便,省工省力。但在泡田时须注意慢水缓灌,且不应大范围移动表土,以免肥力不匀。该法对田面的平整性要求较高。另一种是在水耙、耢后,将基肥撒施田面,肥料随泥浆下沉而分布在整个耕层。全层施肥肥效稳,持续时间长,肥料分布均匀,水稻根系分布深而广,肥料利用率高。

(三)合理密植

合理密植能促进主茎和早生分蘖生长,保证单位面积内有足够的株数,并使稻株生长整齐,穗大粒多,从而充分发挥土地的生产潜力,达到高产。合理密植包括合理的基本苗数、行株距及每丛插秧本数,合理密植必须根据品种的生育期、分蘖力、株型与穗型,土壤肥力,茬口早晚,栽培水平等因素来确定。例如,籼稻株型松散、分蘖力强,可稀些,而粳糯稻株型较紧凑、分蘖力弱,应密些;肥田宜稀,瘦田宜密;早插可稀些,迟插应密些。

高产田块实行合理密植,主要采用增丛、减本的方法。一般常规早稻和连作晚稻亩插 2.5 万~3.5 万丛,每丛 4 万~5 万本,12 万~14 万基本苗;常规单季晚稻亩插 2 万~2.5 万丛,每丛 3 万~4 万本,6 万~8 万基本苗;单季杂交稻亩插 1.5 万~2 万丛,每丛 2 万~3 万本,基本苗可降至 4 万~5 万。

宽行窄株的密植形式是高产栽培的基本方式。连作早、晚稻行株距一般以 19.8 厘米×13.2 厘米或 16.7 厘米×13.2 厘米为宜；常规单季晚稻行株距以 19.8 厘米×16.7 厘米或 23.3 厘米×13.2 厘米为宜；单季杂交稻行株距以 23.3 厘米×16.7 厘米为宜。

（四）适时移栽

1. 移栽时期

适时早栽，有利于秧苗返青和生长发育，能获得早熟、高产，还为后季作物创造有利的茬口。两熟制早稻一般应以日平均温度稳定在 15 ℃以上为适时早栽的标准。过早移栽容易遇到低温，引起僵苗不发；而三熟制早稻和晚稻可依据前作和秧龄而定。

2. 移栽质量

移栽质量应掌握"浅、直、匀、牢"标准。"浅"是促进秧苗早发快长的重要措施；"匀"是指行株距及每丛苗数要均匀；"牢"是指不浮秧、不倒苗；并做到随拔随插，不插隔夜秧。

三、返青分蘖期栽培技术

从移栽至幼穗分化开始称为返青分蘖期，生产上也称前期。这一时期的栽培目标是促进早发，搭好丰产架子，为足穗、大穗奠定基础。

（一）深水返青，浅水分蘖

移栽后宜适当增加灌水深度，有利于秧苗返青活棵。返青后，实行浅水灌溉。并在每次灌水后，待其自然落干后再灌。浅灌可以提高水温和土温，增加土壤氧气和有效养分，有利于分蘖早生快发和形成强大根系。

（二）早施分蘖肥，及时耘田

早稻和连作晚稻有效分蘖期短，分蘖肥一般应在移栽后 3~5 天施用。单季晚稻有效分蘖期较长，分蘖肥可在移栽后 7~10 天施用。分蘖肥用量一般约占总施肥量的 20%~30%，每亩可施尿素 5~7.5 千克或硫酸铵 10~15 千克。耘田能松土、通气、加速肥料分解释放和清除杂草，从而促进早发根和早生分蘖。一般可结合施肥进行 1~2 次，通常采取浅水施肥，施后耘田，稍干后再灌水，以提高肥效。

（三）防治病虫和杂草

在水稻的分蘖期，稻蓟马、稻飞虱、叶蝉、稻纵卷叶螟及螟虫等害虫的频繁活动会对稻田造成严重威胁。这些害虫不仅会影响水稻的正常生长，还会降低产量，因此必须及时采取有效的防治措施。除了常规的杀虫剂使用外，当纹枯病病情较重时，我们可以考虑采用 5%井冈霉素 100~125 毫升进行兼治。井冈霉素作为一种广谱抗生素，对于纹枯病等病害有显著的防治效果，而且对其他害虫也具有一定的抑制作用。

第二节　玉米高产栽培技术

一、缩距增密高产栽培技术

（一）保证全苗

保证全苗是缩距增密高产栽培技术的核心环节之一。为了实现全苗,我们首先要选择适应当地生态环境的优质抗病抗虫种子,这是提高出苗率和幼苗质量的基础。在播种前,对种子进行适当的处理,如浸种催芽,可以进一步提高种子的发芽能力。同时,播种时要确保播种深度和覆土厚度适宜,为种子的顺利萌发和出苗创造有利条件。此外,合理密植也是保证全苗的关键,我们要根据土壤肥力、气候条件以及作物生长特性等因素,科学确定播种量和株行距,使幼苗分布均匀,充分利用光能,为高产奠定基础。

(二)壮秆保穗

壮秆保穗是缩距增密高产栽培技术的又一重要环节。为了实现这一目标,我们需要合理施肥,为作物提供充足的养分。在施肥过程中,要根据作物的生长阶段和需肥特点,科学配比氮、磷、钾等营养元素,以满足作物不同生长阶段的需求。同时,水分管理也是关键,我们要保持土壤湿润,避免干旱和涝害对作物造成不良影响。在作物生长的关键时期,如拔节期和孕穗期,要确保充足的水分供应,以促进茎秆粗壮和穗部发育。此外,病虫害防治也不容忽视,我们要定期检查田间病虫害情况,一旦发现病虫害要及时采取防治措施,确保作物健康生长。

(三)养根保叶

在缩距增密高产栽培技术中,养根保叶同样至关重要。为了实现这一目标,我们要注重中耕除草工作,定期松土、除草,以改善土壤环境、提高土壤通透性,为根系生长提供良好的条件。同时,合理施肥也是养根的关键,我们要适量施用有机肥和微生物肥料等,以促进根系发育、增强根系活力。在病虫害防治方面,我们要注意防治根部病害和地下害虫等病虫害的发生和传播,确保根系健康生长。此外,还可以通过叶面喷施营养元素等方式来保叶,提高叶片的光合作用效率和抗逆性。

二、"二比空"增密高产栽培技术

(一)技术优点

1. 可操作性强

"二比空"栽培技术之所以可操作性强,主要得益于其直观且易懂的特点。这种技术不需要复杂的计算或高端的设备,只需通过简单的种植比例调整,即能实现密植与通风透光的理想平衡。这种调整不仅提升了光能利用率,更让种植户能够轻松上手,快速掌握并有效实施。因此,"二比空"技术在农田实践中得到了广泛的认可和应用,充分展示了其实用性和便捷性。

2. 符合生产实际,容易推广

"二比空"栽培技术紧密结合了农业生产的实际需求。它不仅显著提高了玉米的产量,同时也改善了土壤的生态环境。这种技术体现了用地与养地相结合的理念,既追求经济效益,又注重可持续发展。正因为其显著的增产效果和良好的生态效益,使得"二比空"技术深受广大种植户的欢迎,并得以迅速推广。这种易于接受和推广的特点,无疑为该技术在农业生产中的广泛应用奠定了坚实基础。

3. 适合机械化

"二比空"栽培技术的另一大优势在于其规整的种植模式,这种模式非常便于机械化作业。从播种到收获,全程都可以借助现代化的机械设备进行高效操作。这不仅大大降低了劳动强度,提高了生产效率,还为农业生产带来了更多的便利和可能性。在现代农业发展中,机械化已成为不可或缺的一部分,"二比空"技术正是顺应了这一趋势,为农业生产的高效化、现代化提供了有力支持。

(二)技术要点

1. 一次播种保全苗

一次播种保全苗是"二比空"增密高产栽培技术的关键环节。为了实现全苗,首先必须选用优质种子,这是提高出苗整齐度和幼苗质量的基础。优质种子的选择意味着种子籽粒均匀一致,这样出苗后的玉米株形会更整齐,生长会更一致。精量播种技术的采用能进一步确保每一粒种子都有足够的生长空间,保障株距均匀,这样每一株玉米都能获得均衡的养分供应,从而实现养分的最大化利用。此外,合理密植也是关键,通过科学的空间布局,我们可以在单位面积内增加苗数,这样不仅能提高土地利用率,还能为后续的增产创造有利条件。一次播种保全苗的策略,既保证了出苗率,又为玉米的高产稳产打下了坚实基础。

2. 壮秆保穗,保穗增粒

"壮秆保穗,保穗增粒"是"二比空"增密高产栽培技术的核心目标之一。为了实现这一目标,科学的管理措施是必不可少的。合理施肥能够确保玉米在各个生长阶段都能获得必要的营养,从而促进茎秆粗壮,提高抗倒伏能力。灌溉也是关键,特别是在干旱季节,适时的灌溉能保证玉米的正常生长,避免因缺水而导致的减产。同时,病虫害防治也不容忽视,定期的田间检查和及时的防治措施能有效减少病虫害对玉米产量的影响。特别是在玉米生长的关键期,如大喇叭口期,加强田间管理尤为重要。这时,确保玉米穗大粒饱,不仅能增加产量,还能提高玉米的品质。

(三)适时收获

收获时期的选择,对于每一位农户而言,都是至关重要的决策环节。它直接关系到玉米的产量和品质,进而影响到农户的经济收益。选择正确的收获时机,就像是为一场丰收的盛宴画上了完美的句点。在玉米的生长周期中,我们会密切关注其生长状态,期待着那金黄的果穗。而当全田有90%以上的玉米植株茎叶开始变黄,果穗的苞叶呈现枯白之色时,这就是一个明确的信号:玉米已经接近了完全成熟的阶段。此刻,正是我们期待已久的最佳收获时机。适时收获能够确保玉米籽粒已经充分成熟,其内部的淀粉和营养成分都达到了峰值。这样的玉米不仅产量高,而且品质上乘,无论是用于直接食用、作为饲料还是工业加工,都能发挥出其最大的价值。反之,如果收获过早,玉米籽粒可能尚未充分成熟,其产量和品质都会大打折扣;而收获过晚,则可能会遭遇恶劣天气,如风雨、冰冻等,导致玉米受损,进而带来不必要的损失。

三、"四比空"高产栽培技术

(一)"四比空"高产栽培技术要点

1. 土壤准备

土壤是玉米生长的基础,因此在种植前,土地必须经过精心的准备。深耕松土是首要步骤,这一过程能够打破土壤板结,提高土壤的通气性和透水性,为玉米根系提供良好的生长环境。同时,施加适量的有机肥料至关重要,这不仅可以提升土壤的肥力,为玉米提供充足的养分,还能改善土壤结构,使其更加疏松、肥沃。此外,为了防止病虫害的发生,对土地进行消毒处理是必不可少的环节。通过消毒,可以有效杀灭土壤中的病菌和虫卵,降低玉米生长期间的病虫害风险,从而确保玉米的健康生长。

2. 种植设备与种子比例

在"四比空"高产栽培技术中,种植设备的选择至关重要。推荐使用四孔玉米播种机进行播种,这种播种机能够确保种子均匀分配到每个孔内,提高种植的效率和精度,从而降低漏播和重播的风险。同时,该技术强调种子比例的合理配置,"四比"即将玉米种子按照特定的比例,如4:4:2:1,分别种植于四个孔内。这种比例配置有助于最大化利用土地资源,确保每株玉米都能获得足够的生长空间和养分,从而实现高产栽培的目标。

3. 地膜覆盖

地膜覆盖是"四比空"高产栽培技术的另一大特点。地膜的使用不仅可以起到保温、保湿、保水的作用,还能有效提升地温,为玉米种子的发芽和出苗创造更有利的环境。特别是在早春季节,地膜覆盖能够提早播种,提高土壤温度,促进玉米生长发育。同时,地膜还能有效抑制杂草的生长,减少病虫害的发生,从而降低管理成本。通过地膜覆盖技术的应用,可以实现苗全、苗齐、苗壮的栽培目标,为玉米的高产稳产奠定坚实基础。

（二）增产机制

"四比空"栽培技术的增产机制是多方面的综合效应。首先,该技术通过空出一行土地,显著改善了田间的通风和透光条件。

这种空间布局的优化使得玉米植株分布更加合理,不仅减少了植株间的相互遮挡,还提高了光能利用率,让每一株玉米都能充分进行光合作用,从而积累更多的有机物,为增产打下坚实基础。其次,地膜覆盖在"四比空"栽培技术中发挥了重要作用。地膜不仅能有效提高土壤温度,还能保持土壤水分,减少水分蒸发,为玉米生长提供了更加稳定且适宜的环境。这种环境的改善有助于玉米根系的发育和养分的吸收,进而促进玉米的健康生长。最后,精细化管理是"四比空"栽培技术增产机制的又一关键环节。通过合理施肥、科学灌溉以及有效的病虫害防治,能够确保玉米在各个生长阶段都得到充足的养分和适宜的水分,同时降低病虫害对玉米产量的影响。这些精细化管理措施的综合应用,进一步提升了玉米的产量和品质,使得"四比空"栽培技术成为实现玉米高产稳产的有效途径。

(三)适用性与推广

"四比空"高产栽培技术特别适用于干旱或半干旱的地区,这些区域的气候条件往往对农作物的生长构成一定的挑战。然而,"四比空"技术正是在这样的环境中展现出其独特的优势。特别是在土壤肥力适中至较高的地块上,这项技术能够充分发挥其增产潜力。由于该技术操作直观、步骤明确,农户能够迅速学习和掌握,这为其广泛推广提供了便利。不仅如此,"四比空"技术所带来的增产效果是非常显著的。在实际应用中,许多农户已经亲身体验到了该技术带来的好处,玉米产量有了明显的提升。正因如此,"四比空"高产栽培技术具有很高的推广价值,不仅能够帮助农户提高收益,还能在一定程度上增强农业生产的稳定性和可持续性。

四、"偏垄宽窄行"种植技术模式

(一)技术特点

1. 垄宽与行距设置

在"偏垄宽窄行"种植技术中,垄的宽度与作物行距的精心设置是提升产量的关键。这种技术打破了传统的等行距种植模式,采用宽行与窄行交替的布局。宽行的行距显著宽于窄行,这样的设计不仅优化了作物的空间分布,还有效地改善了田间的通风情况。通风的改善有助于降低病害的发生,因为良好的空气流通可以减少病菌和害虫的滋生。同时,透光条件的提升使得每一株作物都能获得足够的光照,这对于光合作用和作物的健康生长至关重要。

2. 光能利用率提高

"偏垄宽窄行"种植技术通过精确设置宽窄行距,显著提高了作物对光能的利用率。在传统的等行距种植中,作物叶片之间容易相互遮挡,导致光能利用率不高。而在此技术下,宽窄行的布局使得作物叶片分布更为均匀,减少了叶片之间的遮挡。这样一来,更多的阳光能够直接照射到作物叶片上,从而提高了光合作用的效率。光合作用的增强有助于作物积累更多的干物质,为增产奠定了坚实基础。

3. 土壤肥力优化

"偏垄宽窄行"种植技术还巧妙地利用了宽行和窄行的特点来优化土壤肥力。在宽行部分,由于作物分布较为稀疏,这部分土地可以轮作其他作物或进行休耕,从而给土壤以恢复的时间,有助于土壤肥力的自然恢复和提高。而在窄行部分,作物种植较为密集,这样的布局可以更有效地利用土壤中的水分和养分,减少资源的浪费。通过这种宽窄交替的种植方式,不仅提高了土壤的利用效率,还保证了土壤的持续肥力,为作物的持续高产创造了有利条件。

(二)实施要点

1. 土地准备

在实施"偏垄宽窄行"种植技术之前,土地准备是至关重要的一步。首先,要精心选择土层深厚、肥力适中的地块进行耕作。这是因为深厚的土层能提供更好的根系发展空间,而适中的肥力则能确保作物健康生长。在播种前,必须对土地进行深耕,深耕不仅能疏松土壤,打破犁底层,还能有效改善土壤结构,增强其通透性和蓄水能力。这样的土壤环境有利于作物根系的深扎广布,提高抗旱能力和养分吸收效率,为后续的播种和作物生长奠定了良好的基础。

2. 播种与管理

在"偏垄宽窄行"种植技术中,播种与管理是确保高产的关键环节。播种时,要在宽行和窄行中分别进行,并且要注意保持适当的株距,以确保每株作物都有足够的生长空间。播种后,田间管理变得尤为重要。这包括了施肥、灌溉、除草和病虫害防治等多个方面。合理的施肥能满足作物不同生长阶段的需求,适时的灌溉能确保作物正常生长,而定期的除草和病虫害防治则能减少杂草和害虫对作物的影响,从而保障作物的健康生长和高产。

3.宽窄行比例

在"偏垄宽窄行"种植技术中,宽窄行的比例设置是一个需要灵活调整的参数。这个比例应根据作物种类、土壤条件和气候条件等多个因素来合理确定。例如,对于需要更多光照的作物,可以适当增加宽行的比例;而在土壤肥力较低或气候条件较差的情况下,则可以通过调整宽窄行比例来优化作物的生长环境。总的来说,宽窄行比例的设置需要综合考虑各种因素,以确保作物能够获得最佳的生长条件,从而实现高产稳产。在实际操作中,这个比例可以根据实际情况进行灵活调整,以达到最佳的种植效果。

第三节 黄瓜高效栽培技术

一、黄瓜生物学特性

(一)黄瓜的植物学特征

黄瓜,是葫芦科黄瓜属的一种一年生蔓生植物。其形态特征明显,茎部细长且圆形,表面带有槽沟和细毛。叶片形态为掌状,有浅裂或深裂,互生排列,叶缘呈现出锯齿状。黄瓜的花也有其特点,雄花常组成圆锥花序,而雌花则单生或簇生,花梗较长,花冠呈现出明亮的黄色,增添了一抹亮色。果实的形态更是人们熟知的特征,为肉质浆果,可以是长圆柱形或短圆柱形,表面有的光滑,有的带有小刺。切开后果肉鲜嫩且多汁,口感清爽,是夏季常见的蔬菜之一。种子则呈扁平的卵圆形,小巧而坚硬。黄瓜不仅在日常生活中广受欢迎,作为食材它拥有丰富的营养价值,还在中医等领域具有一定的药用价值。其独特的形态和生长习性也使其成为植物学研究和园艺栽培的重要对象。

(二)黄瓜的生长发育周期

黄瓜的生长周期涵盖了从播种到收获的五个阶段。这五个阶段包括发芽期、幼苗期、抽蔓期、开花结果期和成熟期。发芽期是黄瓜生长的起始阶段，需要 5~7 天的时间，这个阶段是种子吸收土壤中的水分和养分，破土而出的关键时期。紧接着是幼苗期，这个阶段持续 20~25 天，黄瓜的幼苗开始生长出真叶，并逐渐形成健壮的植株。随后进入抽蔓期，这个阶段需要 15~20 天，黄瓜植株开始快速生长，藤蔓逐渐伸长。接下来是开花结果期，这个阶段需要 30~40 天的时间，黄瓜开始开花并结出果实，这是黄瓜产量形成的关键时期。最后是成熟期，需要 15~20 天的时间，黄瓜果实逐渐成熟，颜色由绿变黄，口感和风味也逐渐达到最佳状态。

(三)黄瓜的生态适应性

黄瓜，原产于热带地区，天生喜爱温暖湿润的气候，展现出较强的耐寒特质，然而却难以抵御严寒的侵袭。这种蔬菜对温度有着特定的要求，其生长的适宜温度维持在 15~30 ℃，而最为理想的温度则是 25~28 ℃，在这样的环境下，黄瓜能够茂盛生长。此外，黄瓜对光照的需求也相对较高，充足的光照条件对其生长发育至关重要。阳光不仅能促进其进行光合作用，还能帮助黄瓜积累更多的营养。在水分管理方面，黄瓜需要较多的水分来维持其生命活动，但过量的水分，即水涝环境，并不利于其生长。因此，在种植黄瓜时，要确保排水良好，避免根部长时间浸泡在水中。

二、黄瓜高效栽培技术要点

(一)地块选择与整地

黄瓜栽培的地块选择至关重要,它直接关系到黄瓜的生长状况和产量。理想的黄瓜栽培地块应具备土层深厚、排水良好以及肥力较高的特点。这样的土壤条件能为黄瓜的根系提供充足的生长空间和养分,进而促进植株的健壮生长。在播种前,对土壤进行适当的处理是必不可少的步骤。深翻土壤可以打破犁底层,提高土壤的透气性,为黄瓜根系的深扎创造条件;细耙则可以进一步平整土地,消除大的土块和杂物,为播种和后续生长提供良好的土壤环境。同时,结合整地过程,施足底肥是确保黄瓜高产的关键。底肥一般以有机肥为主,如腐熟的农家肥或商品有机肥,这些肥料能缓慢释放养分,满足黄瓜整个生长期的需求。

(二)品种的选择及种子处理

1. 品种选择

在选择黄瓜品种时,应充分考虑当地的气候条件、市场需求以及栽培目的。抗病性强、丰产性好以及品质优良的黄瓜品种是首选。抗病性强的品种能够减少病害的发生,降低农药使用,提高产量和品质。丰产性好的品种则能确保较高的经济效益。同时,品质优良的黄瓜更受市场欢迎,价格也相对更高。因此,在选择黄瓜品种时,应综合考虑这三个方面,选择最适合当地气候、满足市场需求并能实现栽培目的的品种。

2. 种子的处理

播种前对黄瓜种子进行消毒处理至关重要,这能有效降低病害的发生率。一种常用的方法是使用 50% 多菌灵可湿性粉剂 500 倍液浸泡种子 30 分钟,这样可以杀灭种子表面附着的病原菌。消毒后,务必用清水将种子冲洗干净。此外,为了提高种子的发芽率,可以采取温水浸泡的方法。具体做法是将种子浸泡在 55 ℃ 的温水中,持续 15 分钟,其间要不断搅拌以确保种子均匀受热。

(三) 播种及育苗

1. 播种的具体时间

黄瓜的播种时间确实因地区不同而有所差异。一般来说,春季播种通常选择在 3 月中下旬至 4 月上旬进行。这一时期气温逐渐回暖,土壤温度适宜,有利于种子的发芽和生长。而在秋季,播种时间则通常在 8 月中下旬至 9 月上旬,此时气温适中,避免了夏季高温对黄瓜生长的不利影响。合理的播种时间安排,可以确保黄瓜在适宜的气候条件下生长,从而提高产量和品质。

2. 播种的方法

采用营养钵或穴盘进行黄瓜播种是一种有效的栽培方法。播种时,每个营养钵或穴盘中应播 1~2 粒种子,以确保出苗率和幼苗的生长空间。播种后,需要覆盖一层细土,厚度为 1~1.5 厘米。这一层细土能够保护种子,提供适宜的土壤环境,促进种子的发芽和生长。

3. 育苗的相关技术

黄瓜育苗期间管理至关重要,关键要素包括温度、湿度以及肥水调控。温度方面,要确保育苗环境维持在 18 ℃~30 ℃,以促进幼苗快速且健康地生长。湿度上要保持适宜,避免过湿导致病害。此外,间苗和定苗的操作要适时进行,以确保每株黄瓜有足够的生长空间。肥水管理上,应定期浇水施肥,保持土壤湿润和养分充足,进而促进幼苗的健壮成长。

(四)定植管理

1. 定植的时间

黄瓜幼苗长至3~4片真叶时,便达到了定植的适宜时期。这个阶段,幼苗的根系已经较为发达,能够更好地适应移栽后的新环境,从而确保较高的成活率。定植是黄瓜栽培过程中的重要环节,需要选择合适的土壤和气候条件进行。在定植前,应确保土壤疏松、肥沃,并施以足够的基肥,为黄瓜的生长提供良好的土壤环境。

2. 定植的密度

黄瓜的定植密度和行株距设置对于其生长和产量具有重要影响。一般来说,每亩地定植2 500至3 000株黄瓜是较为合理的密度范围。这样的密度既能保证每株黄瓜有足够的生长空间,又能确保田地资源的充分利用。同时,行距控制在60~70厘米,株距保持在30~40厘米,这样的布局有利于黄瓜的通风透光,减少病虫害的发生,也有利于日后的管理和采收。

3. 田间的管理

定植后的黄瓜幼苗需要及时浇水,以保持土壤湿润,这有助于幼苗更好地适应新环境并促进其生长。同时,加强中耕除草也是必不可少的环节,这能有效防止杂草与黄瓜争夺养分,还能提高土壤的透气性,有利于根系的呼吸和生长。为了促进植株健壮生长,适时进行整枝和打顶是关键。

（五）防治病虫害

1. 主要病虫害种类

黄瓜在生长过程中会遇到多种病虫害，其中常见的有：

①霜霉病：由古巴假霜霉菌引起，主要危害叶片。此病在中国各地均有发生，严重时能使黄瓜大部分叶片枯死。

②白粉病：由真菌引起，导致叶片出现白色粉末并逐渐枯死。

③蚜虫：会吸食黄瓜汁液，导致叶片发黄、卷曲，并减少产量。

④白粉虱：同样会吸食汁液，导致叶片发黄、卷曲及产量下降，且能传播病毒病。

2. 防治方法

黄瓜病虫害的防治应采用农业防治、物理防治和化学防治相结合的方法。农业防治方面，可选用抗病品种以增强黄瓜的抗病能力，实行轮作制度以减少病虫源的积累，同时加强田间管理如合理施肥和灌溉以改善黄瓜的健康状况。物理防治则可利用黄板诱蚜和银灰膜驱蚜等手段来减少害虫的数量。

（六）收获与储运

1. 收获时间

黄瓜的生长周期通常是由播种到收获需 50~60 天。在此期间，经过精心的种植和管理，黄瓜从细小的种子生长成藤蔓茂盛、果实累累的植物。当黄瓜果实的长度达到 15~20 厘米，直径长至 3~4 厘米时，即表明它们已经成熟，可以采摘。此时，果实的口感最佳，营养价值也最为丰富。采摘时，应轻摘轻放，避免果实受损，以确保其新鲜度和品质。

2. 储运方法

黄瓜收获后的储存和运输至关重要。为了确保黄瓜的品质，收获后应及时进行预冷处理，以降低其呼吸作用和酶活性。随后，应将黄瓜放入温度为 0~5 ℃ 的冷库中储存，同时保持相对湿度在 90%~95%，这样可以延长黄瓜的保鲜期。在运输过程中，必须小心谨慎，避免黄瓜受到挤压或碰撞，因为这些都会导致黄瓜品质下降。

三、黄瓜高效栽培技术优化

（一）水肥一体化技术

水肥一体化技术是黄瓜高效栽培的重要手段，通过将施肥与灌溉相结合，实现水分和养分的精准调控，提高水肥利用效率。在实际应用中，应根据黄瓜生长周期和需肥规律，科学制定水肥一体化方案，合理选用水溶性肥料，确保黄瓜在整个生育期内养分供应充足、均衡。此外，采用滴灌等灌溉方式，可降低土壤湿度，减少病虫害发生，有利于黄瓜生长。

（二）病虫害绿色防控技术

为减少化学农药的使用，降低对环境的污染，黄瓜高效栽培应采用病虫害绿色防控技术。这包括选用抗病品种、生物农药、物理防治等方法。同时，通过合理轮作、间作，提高植株抗逆性，防止病虫害发生。此外，加强田间管理，及时清除病残体，减少病虫害传播途径，也是绿色防控的重要措施。

（三）膜下滴灌技术

膜下滴灌技术是一种节水、节肥、增产的灌溉方式,适用于黄瓜高效栽培。该技术通过在膜下铺设滴灌带,将水分和养分直接输送到黄瓜根系,减少水分蒸发,提高水分利用效率。同时,膜下滴灌有利于保持土壤结构,降低土壤盐渍化,为黄瓜生长创造良好的土壤环境。

（四）嫁接栽培技术

嫁接栽培技术是提高黄瓜抗病性、延长采收期、提高产量的有效途径。通过选用抗病、耐寒、生长势强的砧木,与优质黄瓜品种进行嫁接,可提高植株抗逆性,减少病虫害发生。此外,嫁接栽培还有利于黄瓜根系发育,提高养分吸收能力,从而实现高产、优质、高效的黄瓜生产。在实际操作中,应掌握嫁接技术要领,确保嫁接成活率,以达到预期效果。

第四节 马铃薯栽培技术

一、马铃薯生物学特性

（一）形态特征

马铃薯属于茄科植物,为一年生或多年生草本。其地下块茎呈圆、椭圆或扁圆形,肉质白色或淡黄色,富含淀粉、蛋白质及维生素等营养成分。马铃薯植株高 60～100 厘米,茎呈方形,绿色或紫色,有茸毛。叶片为掌状复叶,小叶数为 5～7 片,边缘有锯齿。

（二）生长发育过程

马铃薯的生长发育过程可分为四个阶段：发芽期、幼苗期、块茎形成期和成熟期。发芽期是从种薯播种到芽出土，需 15～20 天；幼苗期是从芽出土到现蕾，需 30～40 天；块茎形成期是从现蕾到块茎基本形成，需 30～40 天；成熟期是从块茎基本形成到收获，需 40～50 天。

（三）生态环境需求

马铃薯适应性较强，对生态环境有较好的适应性。但为获得高产、优质的生产效果，以下生态环境条件较为适宜：温度方面，马铃薯生长最适温度为 15～25 ℃，低于 5 ℃或高于 30 ℃会影响其生长发育；光照方面，马铃薯喜光照充足，但不宜过强；水分方面，马铃薯生长期间需保持土壤湿润，但忌积水；土壤方面，马铃薯对土壤要求较为宽松，以排水良好、肥沃的砂壤土或壤土为佳。此外，马铃薯生长过程中对氮、磷、钾等肥料需求较大，需合理施用。

二、马铃薯品种选育

（一）品种类型

马铃薯品种繁多，根据其生物学特性和栽培用途，大致可分为三类：淀粉型、蔬菜型和加工型。淀粉型品种块茎含淀粉量高，主要用于淀粉和全粉加工；蔬菜型品种块茎质地细腻，口感好，营养丰富，适合鲜食；加工型品种则主要用于炸薯条、薯片等食品加工。

（二）品种选育方法

马铃薯品种选育主要采用选择育种、杂交育种、诱变育种和生物技术育种等方法。选择育种是根据栽培目的和需求，从现有品种或变异类型中筛选出优良品种；杂交育种则是通过人工授粉，将不同品种的有益性状进行组合，培育出新品种；诱变育种是通过物理或化学方法诱导基因突变，产生新的遗传变异；生物技术育种则利用分子生物学、细胞工程等手段，对优良基因进行克隆、转移和修饰，加速品种选育进程。

三、马铃薯栽培技术分析

（一）土壤选择与整理

在选择马铃薯种植的土壤时，土壤质量是决定马铃薯产量的关键因素。因此，应优先选择那些排水性能良好、土层深厚且结构疏松的砂壤土或壤土。这样的土壤条件有利于马铃薯块茎的生长和膨大，为马铃薯的高产奠定坚实基础。播种前，对土壤进行深翻也是必不可少的步骤。建议翻地深度达到 30～40 厘米，这样能够有效提高土壤的通透性和肥沃程度，为马铃薯的根部发育创造有利条件。

（二）种薯处理

种薯的选择是马铃薯种植的关键一步，务必确保种薯健康、无病虫害。在播种前的 15～20 天，将种薯放置在 15～20 ℃的适宜温度下进行催芽，这是为了提前打破休眠，促进种薯早发芽和出苗整齐。当芽眼刚刚露出时，将种薯切成 20～30 克的小块，确保每块都保留 1~2 个芽眼,这样有助于增加主茎数和结薯数,提高产量。

(三)播种技术

马铃薯的播种时间对于其生长和产量至关重要。为确保马铃薯能够顺利生长,播种时间应根据当地气候条件精心确定,通常建议选在晚霜期前 20~30 天进行。播种时,需将经过处理的种薯按照规范的行距和深度进行播种。行距一般控制在 60~70 厘米,株距为 25~30 厘米,深度则以 5~10 厘米为宜。播种完成后,要及时覆土并轻轻按压,确保土壤与种薯紧密接触,为马铃薯的生长提供良好的土壤环境。

(四)田间管理

1. 水分的管理

马铃薯生长过程中的水分管理极为关键。播种后,保持土壤湿润是促使种薯顺利发芽的重要条件。然而,进入幼苗期后,适当控制水分则有助于根系更好地发育,为马铃薯后期的生长奠定坚实基础。到了块茎膨大期,水分需求达到高峰,此时务必确保土壤湿润,既不可干旱也不可水涝,以免影响块茎的正常生长和品质。生长后期,适当减少水分供应,则有助于块茎的成熟和储存。

2. 肥料管理

马铃薯生长过程中,其需肥量颇为可观。除了播种前施入的有机肥,生长期间的追肥同样关键。通常,追肥次数控制在 2~3 次为宜,主要施用氮、磷、钾复合肥,以满足马铃薯不同生长阶段的需求。然而,在追肥过程中,应特别注意氮肥的施用量,避免过量,因为过多的氮肥可能导致植株徒长,反而影响产量。

3. 病虫害防治

马铃薯生长过程中,晚疫病、病毒病、蚜虫等病虫害频发,对产量和品质构成严重威胁。为有效防治这些病虫害,应采取综合措施。选用抗病品种是预防病虫害的基础,通过轮作可打破病虫害的连作循环。同时,定期清除田间病残体,减少病源和虫源积累。在药剂防治方面,要科学合理使用农药,针对不同病虫害选用高效、低毒、低残留的药剂,并注意用药时机和剂量,避免对环境和作物造成不良影响。

4. 杂草防除

马铃薯田间杂草的滋生确实会对其生长造成不小的影响,因此除草工作显得尤为重要。在播种前后,进行土壤封闭处理是一种有效的预防措施,能够显著减少杂草的生长。而在生长期间,根据杂草的种类和生长情况,可以采取针对性的除草方法。对于小面积或杂草较少的田地,人工除草是一个不错的选择,既能保证除草效果,又能避免对环境造成过多干扰。

(五)收获与储藏

1. 收获时间及方法

马铃薯的收获时机至关重要,通常在植株枯萎、块茎停止生长后进行。为确保收获质量,应选择晴朗的天气进行,这样可避免土壤湿度过大导致的块茎腐烂问题。在收获方式上,可根据实际情况选择机械收获或人工收获。机械收获效率高,但需注意操作细节,以免损伤块茎;人工收获则更为细致,能确保块茎的完整性和品质。

2. 储藏条件与管理

马铃薯储藏时,应选择干燥、通风、避光的场所。储藏温度以 1~4 ℃为宜,相对湿度控制在 85%~90%。储藏期间,要注意防止块茎受冻、发芽和病害发生。可通过定期检查、通风换气等方式,保持储藏环境的稳定。

四、马铃薯高产优质栽培技术

(一)高产栽培技术

1. 播期与密度

马铃薯高产栽培的关键在于合理的播期和密度。播期的选择应根据当地气候条件和品种特性来确定,一般宜在春季气温回升至 10 ℃以上时进行。密度则应根据土壤肥力、品种生长习性及栽培目的来确定,一般情况下,早熟品种种植密度较高,晚熟品种种植密度较低。

2. 水肥一体化

水肥一体化技术是将灌溉与施肥相结合,以提高水肥利用效率,促进马铃薯生长。在栽培过程中,应根据马铃薯各生育阶段的需求,合理调配氮、磷、钾等营养元素,并通过滴灌、喷灌等方式进行施肥,以实现高产目标。

3. 病虫害绿色防控

为实现马铃薯高产,需加强病虫害的绿色防控。通过选用抗病品种、轮作、生物防治、物理防治等方法,防止病虫害发生。同时,合理使用高效、低毒、低残留农药,确保产品质量。

（二）优质栽培技术

1. 品种选择与搭配

优质马铃薯栽培应选择适应性强、品质优良、市场需求高的品种。同时，合理搭配早、中、晚熟品种，以满足不同季节市场需求。

2. 土壤培肥与改良

土壤是马铃薯生长的基础，优质栽培需注重土壤培肥与改良。通过增施有机肥、合理施用化肥、深翻松土等措施，提高土壤肥力，改善土壤结构，为马铃薯生长创造良好条件。

3. 生育期调控

马铃薯生育期调控是保证优质栽培的关键。通过合理调整播期、水肥管理、病虫害防治等措施，使马铃薯生长处于最佳状态，以提高产量和品质。此外，还需注意防止马铃薯早衰，确保产品质量。

五、马铃薯栽培技术在不同地区的应用

（一）北方地区

北方地区气候寒冷，但马铃薯适应性较强，是重要的粮食作物之一。在北方地区，应选择早熟、抗寒性强的品种，如"克新1号""东农303"等。播种时期以4月中下旬为宜，采用地膜覆盖栽培技术，提高地温，促进早出苗。此外，北方地区干旱少雨，应注重水分管理，采用节水灌溉技术，提高水资源利用率。

（二）南方地区

南方地区气候温暖湿润，马铃薯生长周期较短。在南方地区，应选择中晚熟、抗病性强的品种，如"合作 88""渝薯 1 号"等。播种时间以 11 月至次年 1 月为宜，此时正值冬季，有利于避免高温多湿导致的病虫害。南方地区雨量充沛，应加强排水措施，防止田间积水。

（三）高原地区

高原地区气候独特，昼夜温差大，马铃薯生长条件优越。在高原地区，应选择适应性强、抗逆性好的品种，如"青薯 168""高原 4 号"等。播种时间以 4 月至 6 月为宜，采用深翻松土、施足底肥等技术，提高土壤肥力。此外，注重病虫害防治，特别是晚疫病的防治。

（四）沙漠地区

沙漠地区气候干燥，马铃薯栽培面临的主要问题是水分短缺和土壤贫瘠。在沙漠地区，应选择耐旱、抗贫瘠的品种，如"宁薯 7 号""新疆 5 号"等。播种时间以 3 月至 4 月为宜，采用滴灌技术，实现水肥一体化。同时，加强土壤改良，增施有机肥，提高土壤保水保肥能力。此外，注重病虫害防治，特别是地下害虫的防治。

第五章　作物病虫害防治

第一节　作物病害及其防治

一、作物病害及其症状

(一)作物病害的定义

作物在适于其生活的生态环境下,一般都能正常生长发育和繁衍。但是,当作物受到致病因素(生物或非生物)的干扰时,干扰强度或持续时间超过了其正常生理和生化功能忍耐的范围,使正常生长和发育受到影响,从而导致一系列生理、组织和形态病变,引起植株局部或整体生长发育出现异常,甚至死亡的现象,我们称其为作物病害。

(二)作物病害的病因

引起作物病害发生的原因很多,有不良的生物因素与非生物因素,还有环境与生物相互配合的因素等。引起作物偏离正常生长发育状态而表现病变的因素统称为"病因"。在自然情况下,病原、感病作物和环境条件是导致作物病害发生及影响其发生发展的基本因素。病害的形成是在一定的外界环境条件影响下,作物与病原相互作用的结果,其中也包括人类的影响。

(三) 作物病害的症状

在作物病害形成过程中,作物会出现一系列的病理变化过程。首先是生理机能出现变化,以这种病变为基础;进而出现细胞或组织结构上不正常的改变;最后在形态上产生各种各样的症状和病症。

病状是指在作物病部可看到的异常状态,如变色、坏死、腐烂、萎蔫和畸形等;病症是指病原物在作物病部表面形成的繁殖体或营养体,如霉状物、粉状物、锈状物和菌脓等。

1. 病状类型

变色:植株患病后局部或全株失去正常的绿色或发生颜色变化的现象。变色大多出现在病害症状初期,有多种类型,如植株绿色部分均匀变色的褪绿或黄化。

坏死:作物的细胞或组织受到破坏而死亡,形成各种病斑的现象。如病斑上的坏死组织脱落后,形成穿孔;有的受叶脉限制,形成角斑;有的病部表面隆起木栓化形成疮痂,或凹陷形成溃疡。

腐烂:作物细胞和组织发生大面积的消解和破坏,称为腐烂。如果细胞消解较慢,腐烂组织中的水分能及时蒸发而消失,则称为干腐;相反,则称为湿腐;若胞壁中间层先受到破坏,然后再发生细胞的消解,则称为软腐。

萎蔫:作物由于失水而导致枝叶萎垂的现象称为萎蔫。生理性萎蔫是由于土壤中含水量过少,或高温时过强的蒸腾作用而使作物暂时缺水,若及时供水,则作物可以恢复正常;病理性萎蔫是指作物根系或茎的维管束组织受到破坏而发生的凋萎现象,如棉花黄萎病等。

畸形:由于病组织或细胞生长受阻或过度增生而造成的形态异常的现象称为畸形。如作物发生抑制性病变、生长发育不良,而出现矮缩、矮化、叶片皱缩、卷叶、蕨叶等;也可以发生增生性病变,造成病部膨大,形成肿瘤;枝或根过度分枝,最后形成丛枝或发根。

2. 病征类型

霉状物:病部形成各种毛茸状的霉层,如绵霉、霜霉、绿霉、黑霉、灰霉、赤霉等。

粉状物:病部形成的白色或黑色粉层,如多种作物的白粉病和黑粉病。

锈状物:病部表面形成小疱状突起,破裂后散出白色或铁锈色的粉状物,如小麦锈病。粒状物:病部产生大小、形状和着生情况差异很大的颗粒状物,多为真菌性病害的病症;有如针尖大小的黑色或褐色小粒点的真菌子囊果等,也有较大的真菌菌核等。

索状物:患病部位的根部表面产生紫色或深色的菌丝索,即真菌的根状菌索。

脓状物:潮湿条件下在病部产生黄褐色、胶黏状、似露珠的菌脓,干燥后形成黄褐色的薄膜或胶粒。

二、作物病害的类型

作物的种类很多,病因也各不相同,造成的病害形式多样。一般根据致病因素将作物病害分为两大类:侵染性病害和非侵染性病害。

1. 侵染性病害

由生物因素引起的作物病害称侵染性病害,或称传染性病害。引起侵染性病害的病原物有真菌、细菌、病毒、线虫及寄生性种子植物等。这类病害能够在植株间互相传染。例如,真菌病害如稻瘟病、小麦锈病类、玉米黑粉病、棉花枯萎病等;细菌病害如大白菜软腐病、水稻白叶枯病、甘薯瘟、番茄青枯病等;病毒病害如水稻矮缩病、油菜病毒病等;线虫病害如大豆胞囊线虫病、水稻根结线虫病、小麦线虫病等;寄生植物病害如菟丝子等。

2. 非侵染性病害

由非生物因素(如不适宜的环境因素)引起的作物病害称为非侵染性病害,或生理性病害。按其病因不同,又可分为以下三类:因作物自身基因或先天性缺陷引起的遗传性病害或生理病害,例如,因物理因素恶化所致的病害,如低温或高温造成的冻害或灼伤,土壤水分不足或过量引起的旱害或渍害;由于化学因素恶化所致的病害,如肥料或农药使用不当引起的肥害或药害,氮、磷、钾等营养元素缺乏引起的缺素症。非侵染性病害由于没有病原生物的参与,不能在植株个体间互相传染。

非侵染性病害和侵染性病害在一定的条件下是相互联系、相互影响、相互促进的。非侵染性病害可以降低寄主作物对病原物的抵抗能力,常常诱发或加重侵染性病害。如冬小麦返青受春冻后,造成麦苗陆续死亡,会诱发根腐病引起烂根。侵染性病害也可为非侵染性病害的发生创造条件,如小麦锈病发生严重时,病部表皮破裂易丧失水分,不及时浇水易受旱害。

三、作物病害的病原生物

(一)真菌

真菌是真核生物,是异养型生物;真菌大多数是腐生的,少数可寄生在作物、人和动物体上引起病害。病原真菌可以从作物伤口和自然孔口侵入，也可以从寄主表面直接侵入。在作物病害中约有80%以上是由真菌引起的。

进入寄主后，以菌丝体通过渗透作用从作物组织的细胞间或细胞内吸取营养物质，影响作物的生长，并表现出斑点、腐烂、立枯、萎蔫、畸形等病状；与此同时，真菌在寄主体内发育和繁殖，其繁殖体通常暴露于寄主表面，构成明显的病征有粉状物、霜霉、黑色小粒点等。

与作物病害有关的病原真菌主要包括：鞭毛菌亚门、接合菌亚门、子囊菌亚门、担子菌亚门、半知菌亚门等类群。

（二）原核生物

原核生物是一类具有原核结构的单细胞微生物，由细胞壁和细胞膜或只有细胞膜包围细胞质所组成，主要包括细菌、放线菌、蓝细菌及无细胞壁仅有一层单位膜包围的菌原体等，其中能引起作物病害的主要有两类细菌和菌原体，它们侵染作物可引起许多严重病害，如水稻白叶枯病、茄科作物青枯病、十字花科作物软腐病、枣疯病等。

病原细菌在寄主体内大量繁殖后，借助雨水、昆虫、苗木或土壤进行传播，其中以雨水传播为主。

（三）病毒

作物病毒是仅次于真菌的重要病原物，是一类非细胞形态的结构简单的、具有侵染性的单分子寄生物。作物病毒引起的病害数量和危害性仅次于真菌。作物病毒只有在适合的寄主细胞内才能完成其增殖，如水稻条纹叶枯病、小麦梭条斑花叶病、玉米粗缩病、番茄病毒病等。绝大多数作物都受一种或几种病毒的危害,而且一种病毒可侵染多种作物。

自然状态下主要靠蚜虫、叶蝉、飞虱等介体传播和机械有性和无性繁殖材料、嫁接等非介体传播。

(四)作物病原线虫

线虫隶属于无脊椎动物门中的线形动物门,多数腐生于水和土壤中,少数寄生于动植物,如小麦粒线虫病、水稻干尖线虫病、大豆胞囊线虫病、花生根结线虫病等。线虫对作物的危害,除以吻针造成对寄主组织的机械损伤外,主要是穿刺寄主时分泌各种酶和毒素,引起作物的各种病变。表现出的主要症状有生长缓慢、衰弱、矮小、色泽失常或叶片萎垂等类似营养不良的现象;局部畸形,植株或叶片干枯、扭曲、畸形、组织干腐、软化及坏死,籽粒变成虫瘿等;根部肿大、须根丛生、根部腐烂等。田间症状主要有瘿瘤、变色、黄化、萎缩和萎蔫等。

线虫主要靠种子、苗木、水流、农具以及各种包装材料等传播。

(五)寄生性种子植物

植物绝大多数是自养的,少数由于缺少足够叶绿素或因为某些器官的退化而营寄生生活,称为寄生性植物。寄生性植物中除少数藻类外,大都为种子植物。大多寄生野生木本植物,少数寄生农作物。寄生性植物对寄主的影响,主要是抑制其生长。作物受害时,主要表现为植株矮小、黄化,严重时全株枯死。如菟丝子本身没有足够的叶绿素,不能进行正常的光合作用,通过导管与筛管与寄主相连,从寄主中吸收全部或大部分养分和水分。

四、病原物的侵染过程和病害循环

(一)浸染过程

侵染性病害发生有一定的过程,病原物通过与寄主感病部位接触,并侵入寄主作物,在作物体内繁殖和扩展,表现致病作用;相应的,寄主对病原物的侵染也产生了一系列反应,显示病害症状的过程,称为病原物的侵染过程,也是个体遭受病原物侵染后的发病过程。一般将侵染过程分为侵入前期、侵入期、潜育期和发病期四个时期。

1. 侵入前期

侵入前期是指病原物侵入前已与寄生作物存在相互关系并直接影响病原物侵入的时期。在侵入前期,作物表面的理化状况和微生物组成对病原物影响最大,除了直接受到寄主的影响外,还要受到生物的、非生物的环境因素影响。如寄主作物根的分泌物可以促使病原体休眠结构或孢子的萌发,或引诱病原物的聚集;作物根生长所分泌的 CO,和某些氨基酸可使寄主线虫在根部聚集,土壤和作物表面具有拮抗作用的微生物可以明显抑制病原物的活动。

2. 侵入期

侵入期是从病原物侵入寄主后与寄主建立寄生关系的一段时期。病原物侵入主要是通过从角质层或表皮直接穿透侵入、从气管等自然孔口的侵入、从自然和人为造成的伤口侵入三种途径。病原物侵入后,必须与寄主建立寄生关系,才有可能进一步发展引起病害。外界环境条件、寄主的抗病性以及病原物侵入量的多少和致病力的强弱等因素,都有可能影响病原物的侵入和寄主关系的建立。影响病原物侵入的环境因素中,以湿度和温度影响最大。

3. 潜育期

潜育期是指从病原物侵入并与寄主建立寄主关系开始,到表现明显症状前的一段时期。这一时期是病原物在寄主体内吸收营养和扩展的时期,同时也是寄主对病原物的扩展表现不同程度抵抗性的过程。症状的出现就是潜育期的结束。病原物在作物体内扩展,有的局限在侵入点附近的细胞和组织,有的则从侵入点向各个部位发展,甚至扩展到全株。潜育期的长短取决于病害种类和环境条件,特别是温度的影响最大,湿度对潜育期的影响较小。

4. 发病期

经过潜育期后,作物出现明显症状开始就进入发病期。在发病期,局部病害从最初出现的小斑点渐渐扩大成典型病斑。许多病害在病部可出现病症,如真菌子实体、细菌菌脓和线虫虫瘿等。环境条件,特别是温度、湿度,对症状出现后病害进一步扩展影响很大,其中湿度对病斑扩大和孢子形成的影响最显著,如马铃薯晚疫病。绝大多数的真菌只有在大气湿度饱和或接近饱和时才能形成孢子。

(二)病害循环

病害循环指病害从一个生长季节开始发生到下一个生长季节再度开始发生的整个过程。

1. 病原物的越冬和越夏

病原物的越冬和越夏有寄生、腐生和休眠三种方式。病原物的越冬和越夏场所,也就是寄主在生长季节内最早发病的侵染来源。

(1)田间病株——有些活体营养病原物必须在成活的寄主上寄生才能存活,如小麦锈菌的越夏、越冬,都要寄生在田间生长的小麦上。病毒以粒体,细菌以个体,真菌以孢子、休眠菌丝或休眠菌组织体(如菌核、菌索)等在田间病株的内部或表面度过夏季和冬季。

(2)种子、苗木和其他繁育材料——不少病原物可以潜伏在苗木、接穗和其他繁育材料的内部或附着在表面越冬,如小麦黑穗病菌附着于种子表面等。当使用这些繁育材料时,不但植株本身发病,而且可以传染给邻近的健株,造成病害的蔓延,或随着繁育材料远距离的调运,还可将病害传播到新的地区。

(3)病株残体——许多病原真菌和细菌,一般都在病株残体中潜伏存活,或以腐生方式在残体上生活一定的时期。如稻瘟病菌,玉米大、小斑病菌,水稻白叶枯病菌等,都以病株残体为主要的越冬场所。残体中病原物存活时间的长短,主要取决于残体分解腐烂速度的快慢。

(4)病株残体和病株上着生的各种病原物,都较易落到土壤里面成为下一季节的初侵染来源——有些病原物的休眠体,先存活于病残体内,当残体分解腐烂后,再散于土壤中。例如,十字花科植物根肿瘤的休眠孢子、霜霉菌的卵孢子、植物根结线虫的卵等。

(5)粪肥——在大多数情况下,由于人为地将病株残体作积肥而混入肥料或以休眠组织直接混入肥料,其中的病原体就可以存活下来。少数病原物经牲畜消化道并不死亡,可随牲畜粪便混入粪肥中。若粪肥没腐熟而施到田间,病原物就会引起侵染。

(6)昆虫或其他介体——一些由昆虫传播的增殖型病毒可以

在昆虫体内增殖并越冬。例如,水稻矮缩病毒在黑尾叶蝉体内越冬;小麦土传花叶病毒在禾谷多黏菌休眠孢子中越夏。

2. 病原物的初侵染和再侵染

由越冬和越夏的病原物在寄主作物一个生长季节中最初引起的侵染,称为初侵染。在初侵染的病部产生的病原体通过传播再次侵染作物的健康部位或健康的作物,称为再侵染。在同一生长季节中,再侵染可能发生许多次,如稻瘟病、小麦条锈病以及玉米大、小斑病等。

3. 病原物的传播

在作物体外越冬或越夏的病原物,必须传播到作物体上才能发生初侵染;在最初发病植株上繁殖出来的病原物,也必须传播到其他部位其他植株上才能引起再侵染;此后的再侵染也是靠不断地传播才能发生;最后,有些病原物也要经过传播才能到达越冬、越夏的场所。

传播是联系病害循环中各个环节的纽带。作物病害的传播方式主要有气流传播、雨水传播、昆虫等动物传播和人为传播四种。不同的病原物因它们的生物学特性不同,其传播方式和途径也不一样。真菌以气流传播为主、病原细菌以雨水传播为主、作物病毒和菌原体则主要由昆虫介体传播,人类的运输活动、生产活动均可能引起病原物的传播。

五、作物病害防治方法

防治病害的途径很多,有植物检疫、农业防治、抗病性利用、生物防治、物理防治和化学防治等。各种病害防治途径和方法均通过减少初始菌量、降低流行速度或者同时作用于两者以阻滞病害的流行。

（一）植物检疫

植物检疫是通过贯彻预防为主、综合防治、杜绝危险性病原物的输入和输出的一项重要防治措施；根据病害危险性、发生局部性、人为传播这三个条件制定国内和国外的检疫对象名单以实行检疫。

（二）农业防治

农业防治是利用和改进耕作栽培技术，调节病原物、寄主及环境之间的关系，创造有利于作物生长，不利于病害发生的环境条件，以控制病害的发生与发展。

1. 使用无病繁殖材料

建立无病留种田或无病繁殖区，并与一般生产田隔离；对种子进行检验，处理带病种子，去除混杂的菌核、菌瘿、虫瘿、病原作物残体等。如热力消毒（如温汤浸种）或杀菌剂处理等。

2. 建立合理的种植制度

合理的轮作、间作、套作，在改善土壤肥力和土壤的理化性质的同时，可减少病原物的存活率，切断病害循环。如稻棉、稻麦等水旱轮作可以减少多种有害生物的危害，同时也是进行小麦吸浆虫、地下害虫和棉花枯萎病防治的有效措施之一。

3. 加强栽培方面的管理

通过合理播种（播种期、播种深度和种植密度），优化肥水管理和调节温度、湿度、光照和气体组成等要素，创造适合于寄主生长发育而不利于病原菌侵染和发病的环境条件，可减少病害发生。

如早稻过早播种,易引起烂秧;水稻过度密植,易发生水稻纹枯病;施用氮肥过多,往往会加重稻瘟病和稻白叶枯病发生,而氨肥过少,则易发生稻胡麻斑病。此外,通过深耕灭茬、拔除病株、铲除发病中心和清除田间病残体等措施,可减少病原物接种体数量,有效地减轻或控制病害。

4. 选育和利用抗病品种

选育和利用抗病品种防治作物病害,是一项经济、有效和安全的措施。如我国小麦秆锈病和条锈病、玉米大斑病和小斑病及马铃薯晚疫病等,均是通过大面积推广种植抗病品种而得到控制的。对许多难于运用其他措施防治的病害,特别是土壤传播的病害和病毒病等,选育和利用抗病品种可能是唯一可行的控病途径。

(三) 生物防治

生物防治主要是指利用微生物间的拮抗作用、寄生作用、交互保护作用等防治病害的方法。

1. 拮抗作用

一种生物产生某种特殊的代谢产物或改变环境条件,从而抑制或杀死另一种生物的现象,称为拮抗作用。将人工培养的具有抗生作用的抗生菌施入土壤(如5406抗生菌),改变土壤微生物的群落组成,增强抗生菌的优势,则有防病增产的功效。

2. 重寄生作用和捕食作用

重寄生是指一种寄生微生物被另一种微生物寄生的现象。对植物病原物有重寄生作用的微生物很多,如噬菌体对细菌的寄生、病毒、细菌对真菌的寄生,真菌对线虫的寄生,真菌间的重复寄生等。一些原生动物和线虫可捕食真菌的菌丝和孢子以及细菌,有的真菌能捕食线虫,也是生物防治的途径之一。

3. 交互保护作用

在寄主上接种亲缘相近而致病力弱的菌株,以保护寄主不受致病力强的病原物的侵害,主要用于植物病毒病的防治。

(四)物理防治

物理防治主要利用热力、冷冻、干燥、电磁波、超声波、核辐射、激光等手段抑制,钝化或杀死病原物,以达到防治病害的目的。常用于处理种子、无性繁殖材料和土壤。

1. 汰除法

汰除是将有病的种子和与种子混杂在一起的病原物清除掉。汰除的方法中,比重法是最常用的,如盐水选种或泥水选种,把密度较轻的病种和秕粒汰除干净。

2. 热力处理

利用热力(热水或热气)消毒来防治病害,如利用一定温度的热水杀死病原物,可获得无病毒的繁殖材料。土壤的蒸气消毒常用 80~95 ℃蒸气处理 30~60 min,绝大部分的病原物可被杀死。

3. 地面覆盖

在地面覆盖杂草、沙土或塑料薄膜等,可阻止病原物传播和侵染,控制作物病害。

4. 高脂膜防病

将高脂膜兑水稀释后喷到作物体表,其表面形成一层很薄的膜层,该膜允许 O_2 和 CO_2 通过,真菌芽管可以穿过和侵入作物体,但病原物在作物组织内不能扩展,从而控制病害。高脂膜稀释后还可喷洒在土壤表面,从而达到控制土壤中的病原物、减少发病概率的效果。

(五)化学防治

用于防治作物病害的农药通称为杀菌剂,主要包括杀真菌剂、杀细菌剂、杀病毒剂和杀线虫剂。杀菌剂是一类能够杀死病原生物,抑制其侵染、生长和繁殖,或提高作物抗病性的农药,主要包括无机杀菌剂(如铜制剂、硫制剂等),有机杀菌剂(如有机硫杀菌剂有机砷杀菌剂、有机磷杀菌剂、取代苯类杀菌剂、有机杂环类杀菌剂、抗生素类杀菌剂等)。农药具有高效、速效、使用方便、经济效益高等优点,但需恰当选择农药种类和剂型,在恰当的时间采用适宜的喷药方法,才能正确发挥农药的作用,防止造成环境污染和农药残留。

此外,将化学药剂或某些微量元素引入健康作物体内,可以增加作物对病原物的抵抗力,从而限制或消除病原物侵染。有些金属盐、植物生长素、氨基酸、维生素和抗生素等进入作物体内以后,能影响病毒的生物学习性,起到钝化病毒的作用,降低其繁殖和侵染力,从而减轻其危害。

第二节　作物虫害及其防治

一、昆虫的生物学特性

(一)昆虫的发育和变态

昆虫的个体生长发育主要分为三个连续阶段,由于长期适应其生活环境,逐渐形成了各自相对稳定的生长发育特点。第一个阶段为胚前发育,生殖细胞在亲体内的发生与形成过程;第二阶段为胚胎发育,从受精卵开始卵裂到发育成幼虫为止的过程;第三阶段为胚后发育,从幼体孵化开始发育到成虫性成熟为止的过程。昆虫在胚后发育过程中体形、外部和内部构造发生一系列变化,从而形成不同的发育期,这种现象称为变态。

根据变态的特征和特性,昆虫的变态分为两种类型:一种是昆虫的一生经过卵、幼虫、蛹、成虫四个阶段,称全变态昆虫,如水稻螟虫、棉铃虫等;另一种是昆虫的一生经过卵、若虫、成虫三个阶段,称为不全变态昆虫,如蝗虫等。

(二)昆虫的个体发育阶段

1. 卵期

通常把卵作为昆虫生命活动的开始。卵自产下后到孵出幼虫或若虫所经历的时间称为卵期,是个体发育的第一阶段。

2. 幼虫期

幼虫或若虫从卵内孵出,发育成蛹(全变态昆虫)或成虫(不全变态昆虫)之前的整个发育阶段,称为幼虫期或若虫期,其特征是大量取食、迅速生长、增大体积、积累营养、完成胚后发育。

3. 蛹期

全变态昆虫由老熟幼虫到成虫,经过一个不食不动、幼虫组织破坏和成虫组织重新形成的时期,是一些昆虫从幼虫转变为成虫的过渡时期。蛹的生命活动虽然是相对静止的,但其内部却进行着将幼虫器官改造为成虫器官的剧烈变化。

4. 成虫期

成虫期是昆虫个体发育的最高级阶段,指成虫出现到死亡所经历的时间,是昆虫生命的最后阶段,但也是昆虫交配、产卵、繁殖后代的生殖时期。

(三)昆虫的习性和行为

习性是指昆虫种或种群所具有的生物学特性,亲缘关系相近的类群往往具有相似的习性。行为是指昆虫的感觉器官接受刺激后,通过神经系统的综合而使效应器官产生相应的反应。

1. 休眠

昆虫由于不适宜的环境条件,常引起生长发育停止;不良环境条件一旦消除,则生长发育迅速恢复为正常状态的现象,称为休眠。温度常常是引起休眠的主要原因。

2. 滞育

昆虫在一定的季节和发育阶段,不论环境条件适合与否,都会出现生长发育停止、不食不动的现象,称为滞育。重新恢复生长发育,需有一定的刺激因素和较长的滞育期。

3. 食性

昆虫在生长发育过程中,由于自然选择的结果,每种昆虫便逐渐形成了特有的取食范围。通常划分为植食性昆虫、肉食性昆虫、腐食性昆虫和杂食性昆虫四类。

4. 假死性

昆虫在外界因子突然的触动或振动或刺激时,会立即收缩附肢,停止不动,或吐丝下垂或掉落到地面上呈"死亡"状态,稍停片刻便恢复正常活动的现象,称为假死性。

5. 趋性

昆虫对外界刺激所产生的趋向或背向行为活动称为趋性,有趋光性、趋化性、趋温性、趋湿性等。如灯光诱杀是以趋光性为依据的,食物诱饵是以趋化性为依据的。

6. 群集性

群集性是指同种昆虫个体高密度地聚集在一起生活的习性。有些昆虫在某一虫态或一段时间群聚生活,过段时间就分散;也有在整个生育期群聚后趋向于群居生活的。

7. 迁移性

指某种昆虫成群地从一个发生地转移到另一个发生地的现象,如东亚飞蝗等。一些瓢虫和椿象等,有季节性迁移的习性;甘蓝夜蛾幼虫有成群向邻田迁移取食的习性。

8. 拟态

拟态是一种生物模拟另一种生物或环境中其他物体的姿态,得以保护自己的现象。如生活于草地上的绿色蚱蜢等,具备有利于躲避天敌的视线且可以保护自己的保护色。

9. 伪装

伪装是一些昆虫利用环境中的物体把自己伪装掩护起来的现象。如毛翅目幼虫水生,多数种类都藏身于用小石粒、沙粒、叶片和枝条等结成的可移动巢内,以保护其纤薄的体壁。

二、害虫危害症状及特点

(一)作物害虫的主要类群

1. 直翅目

直翅目全世界已知有 23 000 种,中国已知 700 余种,如蝗虫、蟋蟀、蝼蛄等。形态特征为:体中到大型;咀嚼式口器,复眼发达,触角多为丝状;前胸发达,多数具翅;前翅狭长,后翅膜质;后足发达为跳跃足,或前足为开掘足;腹部末端具尾须一对。

2. 同翅目

同翅目主要包括常见的蚜虫、粉虱、介壳虫、飞虱、叶蝉等,全世界已知 45 000 种,中国已知 3 500 种。形体特征为:多数为小型昆虫;刺吸式口器,具复眼、单眼或无;体壁光滑无毛,翅两对,前翅膜质或革质,亦有很多无翅的。

3. 膜翅目

膜翅目常见各种蜂类、蚂蚁等,全世界已知约 120 000 种,中国已知约 6 200 种。其形体特征为:体小至中型;咀嚼式口器或咀吸式口器;触角有丝状、念珠状等多种;复眼大;翅膜质;腹部第一节并入后胸;雌虫有发达的产卵器,有的特化为螫刺。

4. 双翅目

双翅目主要包括蚊、蝇、虻等多种昆虫,全世界已知 90 000 种,中国已知约 4 000 种。其形体特征为:成虫小至中型,体短宽、纤细,或椭圆形;头下口式,复眼发达;触角有丝状、念珠状、具芒状等;刺吸式或涨吸式口器;仅有一对膜质的前翅;有爪一对,爪下有爪垫。

5. 鞘翅目

通称甲虫,全世界已知约 330 000 种,中国已知约 7 000 种,是昆虫纲乃至动物界中种类最多、分布最广的第一大目。其形体特征为:体小至大型、体壁坚硬、咀嚼式口器;成虫复眼显著,前胸发达、前翅质地坚硬、形成鞘翅、后翅膜质;腹部节数较少;无尾须。

6. 鳞翅目

鳞翅目包括所有的蝶类和蛾类,全世界已知约 200 000 种,中国已知约 8 000 种。其形态特征为:体小至大型;虹吸式口器或退化;复眼一对;触角有丝状、球杆状、羽毛状等;一般具翅一对;幼虫形体圆锥形、柔软;体线;咀嚼式口器、多足型;腹足末端有钩毛。

(二)害虫的危害症状

1. 咀嚼式害虫

重要的农业害虫绝大多数是咀嚼式害虫,其危害的共同特点是可造成明显的机械损伤,在作物的被害部位常可以见到各种残缺和破损,使组织或器官的完整性受到破坏。

(1)田间缺苗断垄。这是地下害虫的典型危害状,如蛴螬、蝼蛄、叩头虫、地老虎等咬食作物地下的种子、种芽和根部,常常造成种子不能发芽,幼苗大量死亡。

(2)顶芽停止生长。有些害虫喜欢取食作物幼嫩的生长点,使顶尖停止生长或造成断头,甚至死亡。如烟夜蛾幼虫喜欢集中危害烟草的顶部新芽和嫩叶。

(3)叶片残缺不全。①叶片的两层表皮间叶肉被取食后形成的各种透明虫道;②叶肉被取食,而留下完整透明的上表皮,形成的箩底状凹洞;③叶片被咬成不同形状和大小的孔洞,严重危害时将叶肉吃光,仅留叶脉和大叶脉;④叶片被吃成各种形状,严重时整片叶或植株被吃光。

(4)茎叶枯死折断。这是蛀茎类害虫的典型危害状,如水稻螟虫、亚洲玉米螟等。螟虫早期危害常造成心叶枯死或在叶片上形成大量穿孔,后期危害造成茎秆折断。

(5)花蕾、果实受害。大豆食心虫和豆荚斑螟可蛀入豆荚内取食豆粒,使果实或籽粒受害脱落或品质下降。棉铃虫等害虫还取食花蕾,造成落蕾。

2. 吸收式害虫

(1)直接伤害。吸收式害虫的口针刺入作物组织,首先对作物造成机械伤害,同时分泌唾液和吸取作物汁液,使作物细胞和组织的化学成分发生明显的变化,造成病理或生理伤害。被害部位常出现褪色斑点。初期受害,被害部位叶绿素减少,常出现黄色斑点,以后逐渐变成褐色或银白色,严重时细胞枯死,甚至出现部分器官或整株枯死的情况。从内部变化看,生理伤害使作物营养失调;同时因唾液的作用,积累的养分被分解,或造成被害组织不均衡生长,出现芽或叶片卷曲、皱缩等危害症状。

(2)间接危害。刺吸式害虫是作物病害,特别是病毒病的重要传播媒介。可能这些昆虫的发生数量不足以给作物造成直接危害,但传毒带来的间接危害却十分严重。如黑尾叶蝉可以传播水稻矮缩病、黄矮病和黄萎病,灰飞虱能传播水稻黑条矮缩病和条纹叶枯病、小麦丛矮病、玉米矮缩病等,麦二叉蚜是麦类黄矮病的传播媒介。吸收式害虫的危害还可以为某些病原菌的侵入提供通道,如稻摇蚊危害水稻幼芽可招致绵腐病的发生。

三、主要防治方法

（一）植物检疫

由国家颁布法令，对局部地区非普遍性发生的、能给农业生产造成巨大损失的、可通过人为因素进行远距离传播的病、虫，草实行植物检疫制度，特别是对种子、苗木、接穗等繁殖材料进行管理和控制，有效防止危险性病、虫随着植物及其产品由国外输入和由国内输出，对国内局部地区已经发生的危险性病、虫、杂草进行封锁，防止蔓延，就地彻底消灭。

（二）农业防治

农业防治是指结合整个农事操作过程中的各种具体措施，有目的地创造有利于农作物的生长发育而不利于害虫发生的农田环境，抑制害虫繁殖或使其生存率下降。

1. 选用抗虫或耐虫品种

利用作物的耐虫性和抗虫性等防御特性，培育和推广抗虫品种，发挥其自身因素对害虫的调控作用。如一些玉米品种由于含有抗螟素，故能抗玉米螟的危害。

2. 建立合理的耕作制度

农作物合理布局可以切断食物链，使某一世代缺少寄主或营养条件不适而使害虫的发生受到抑制。轮作、间作、套作等对单食性或寡食性害虫可起到恶化营养条件的作用，如稻麦轮作可起到抑制地下害虫、小麦吸浆虫的危害；同时，可制造天敌繁衍的生态条件，造成作物和害虫的多样性，可以起到以害（虫）繁益（虫）、以益控害的作用。

3. 加强栽培管理

合理播种(播种期、种植密度)、合理修剪、科学管理肥水、中耕等栽培管理措施可直接杀灭或抑制害虫危害。如三化螟在水稻分蘖期和孕穗期最易入侵,拔节期和抽穗期是相对安全期,通过调节播栽期,使蚁螟孵化盛期与危害的生育期错开,可以达到避开螟害和减轻受害的作用;利用棉铃虫的产卵习性,结合棉花整枝打去顶心和边心,可消灭虫卵和初孵幼虫;采用早春灌水,可淹死在稻桩中越冬的三化螟老熟幼虫;利用冬耕或中耕可以压低在土中化蛹或越冬害虫的虫源基数等。此外,清洁田园,及时将枯枝、落叶、落果等清除,可消灭潜藏的多种害虫。

4. 改变害虫生态环境

改变害虫生态环境是控制和消灭害虫的有效措施。我国东亚飞蝗发生严重的地区,通过兴修水利、稳定水位、开垦荒地、扩种水稻等措施,改变了蝗虫发生的环境条件,使蝗患得到有效控制。在稻飞虱发生期,结合水稻栽培技术要求,进行排水晒田,降低田间湿度,在一定程度上可减轻发生量。

(三)化学防治

化学防治是当前国内外最广泛采用的防治手段,在今后相当长的一段时间内,化学防治在害虫综合防治中仍将占有重要的地位。化学防治杀虫快、效果好、使用方便、不受地区和季节性限制,适于大面积机械化防治。

常用的无机杀虫剂有砷酸钙、砷酸铝、亚砷酸和氟化钠等;有机杀虫剂包括植物性(鱼藤、除虫菊、烟草等)和矿物性(如矿物油等)两类,它们分别来源于天然植物和矿物。

目前人工合成的有机杀虫剂种类繁多,按作用方式可以将杀虫剂分为触杀剂、胃毒剂、内吸剂、熏蒸剂、忌避剂、拒食剂、引诱剂、不育剂和生长调节剂等。

1. 触杀剂

触杀剂是指药剂与虫体接触后,通过穿透作用经体壁进入或封闭昆虫的气门,使昆虫中毒或窒息死亡的一种杀虫剂。触杀剂是接触到昆虫后便可起到毒杀作用的一种杀虫剂,如拟除虫菊酯、氨基甲酸酯等。现在生产的有机合成杀虫剂大多数是触杀剂或兼胃毒杀作用。

2. 胃毒剂

胃毒剂是指药剂随昆虫取食后经肠道吸收进入体内,到达靶标引起虫体中毒死亡的一种杀虫剂。如砷酸铅及砷酸钙是典型的胃毒剂。

3. 内吸剂

内吸剂是指农药施到作物上或施于土壤里,被作物体(包括根、茎、叶及种、苗等)吸收后,并可传导运输到其他部位,害虫(主要是刺吸式口器害虫)取食后引起中毒死亡的一种杀虫剂。实际上内吸性杀虫剂的作用方式也是胃毒作用,但内吸作用强调该类药剂具有被作物吸收并在体内传导的性能,因而在使用方法上,明显不同于其他药剂,如根施、涂茎等。

4. 熏蒸剂

熏蒸剂是指药剂由液体或固体汽化为气体,以气体状态通过害虫呼吸系统进入体内而引起昆虫中毒死亡的一种杀虫剂。如氯化钠、溴甲烷等。

5. 忌避剂

忌避剂是指一些农药依靠其物理、化学作用(如颜色、气味等)使害虫忌避或发生转移、潜逃现象的一种非杀死保护药剂。如苯甲酸苄酯对恙螨、苯甲醛对蜜蜂有忌避作用。

6. 拒食剂

拒食剂是指农药被取食后,可影响昆虫的味觉器官,使其厌食、拒食,最后因饥饿、失水而逐渐死亡,或因摄取不足营养而不能正常发育的一种杀虫剂。如杀虫脒和拒食胺等。

7. 引诱剂

引诱剂是指依靠其物理、化学作用(如光、颜色、气味等)将害虫诱聚而利于歼灭的一种杀虫剂。具有引诱作用的化合物一般与毒剂或其他物理性捕获措施配合使用,杀灭害虫,最常用的取食引诱剂是蔗糖液。

8. 不育剂

不育剂是指化合物通过破坏生殖循环系统,形成雄性、雌性或雌雄两性不育,使害虫失去正常繁育能力的一种杀虫剂。如六磷胺等。

9. 生长调节剂

生长调节剂是指化合物可阻碍或抑制害虫的正常生长发育,使之失去危害能力,甚至死亡的一种杀虫剂。如灭幼脲等。

为了充分地发挥药剂的效能,必须合理选用药剂与剂型,做到对"症"下药。合理用药还必须与其他综合防治措施配套,充分地发挥其他措施的作用,以便有效地控制农药的使用量。

（四）生物防治

1. 以虫治虫

以虫治虫就是利用害虫的各种天敌进行防治。我国幅员辽阔，害虫的种类繁多，各种害虫的天敌也很多。常见的如蜻蜓、螳螂、瓢虫、步甲、草蛉、食蚜蝇幼虫、寄生蝇、赤眼蜂等。以虫治虫的基本内容应是增加天敌昆虫数量和提高天敌昆虫控制效能，大量饲养和释放天敌昆虫以及从外地或国外引入有效天敌昆虫。

2. 以微生物治虫

许多微生物都能引起昆虫疾病的流行，使有害昆虫种群的数量得到控制。昆虫的致病微生物中多数对人畜无害，不污染环境，制成一定制剂后，可像化学农药一样喷洒，称为微生物农药。在生产上应用较多的昆虫病原微生物主要有细菌、真菌、病毒三大类。如已作为微生物杀虫剂大量应用的主要是芽孢杆菌属的苏云金杆菌，已用于防治害虫的真菌有白僵菌、绿僵菌、拟青霉菌、多毛菌和虫霉菌等。

3. 以激素治虫

该种方法利用昆虫的内外激素杀虫，既安全可靠，又无毒副作用，具有广阔的发展前景。利用性外激素控制害虫，一般有诱杀法、迷向法和引诱绝育法。利用内激素防治害虫包括利用蜕皮激素和保幼激素两种，蜕皮激素可使昆虫发生反常现象而引起死亡；保幼激素可以破坏昆虫的正常变态，打破滞育，使雌性不育等。

（五）物理机械防治

应用各种物理因子如光、电、色、温湿度等及机械设备来防治害虫的方法,称为物理机械防治法。常见的有捕杀、诱杀、阻杀和高温杀虫。

1. 捕杀

利用人力或简单器械,捕杀有群集性、假死性等习性的害虫。

2. 诱杀

利用害虫的趋性,设置灯光、潜所、毒饵等诱杀害虫。如利用波长为 365 nm 的黑光灯、双色灯、高压汞灯进行灯光诱杀,利用杨柳树枝诱杀棉铃虫蛾子等。

3. 阻杀

人为设置障碍,构成防止幼虫或不善飞行的成虫迁移扩散。如在树干上涂胶,可以防止树木害虫下树越冬或上树危害。

4. 高温杀虫

用热水浸种、烈日暴晒、红外线辐射、高频电流等,都可杀死种子中隐蔽危害的害虫。如食用小麦暴晒后,在水分不超过 12% 的情况下,趁热进仓库密闭储存,这种方法对于杀虫防虫效果极好。

第六章　畜牧业养殖技术的推广实践

第一节　畜牧业养殖技术推广的成功案例

一、基本情况

江苏汉羊牧业生态科技有限公司占地 400 余亩,其中生态养羊基地 160 亩,无公害水果蔬菜种植基地 240 亩。按照打造全国一流智慧化、生态化、现代化花园式种养结合一体化的农业示范园标准,目前建设完成 25 000 平方米现代化高标准羊舍,智能化饲料加工车间以及科研办公展示综合楼,实现了自繁自育的有机循环,目前存栏基础母羊 10 000 只。

二、典型经验总结

(一)智能化管理

通过建设"4+1"模式,实现羊场生产管理智能化,一方面通过智能自动化提升生产效率降低生产成本,另一方面通过计算软件对羊场各管理模块实现数据交互和数据集成,对羊场全部数据进行挖掘。设施大棚区将温度、湿度以及灌溉通过现代化设施进行优化替代,极大地节省了人工以及管理成本,也实现农业产品的品质和口感标准化。

（二）"牧–沼–果"绿色养殖链

养殖业产生的粪便用于生产有机肥,有机肥用于改良流转土地,在改良的土地上种植有机蔬菜、水果。通过采用发酵罐厌氧发酵技术,将养殖废弃物输入储存池经过厌氧发酵和有氧发酵,发酵后产生沼气、沼渣和沼液。沼液经过稀释后可用于灌溉施肥,使土壤更加疏松和肥沃,实现土壤改良。

（三）TMR 精准饲喂

根据日粮配方制作投料单,采用 TMR 搅拌车智能监测终端、铲车智能监测终端、实时移动管理终端,集成各终端数据,通过自建网络系统,将实际 TMR 加工及饲喂添加情况实时通过管理系统软件反馈至管理者,保证配方日粮、投喂日粮、采食日粮三种日粮的一致性。该系统从羊群、棚舍到饲料、配方全流程打通,实现对羊群从料单,到下料,再到实际采食的全流程监控。不仅可以提供投料单饲料合并、顺序调整、加水量监控等精细化控制功能,满足各种差异场景,使投料更灵活,还可以在棚舍出入口提供电子标签采集 TMR 车进、出羊舍的重量变化,支持一车料投多个羊舍的场景。

（四）自动称重

以物联网技术为支撑,实现电子标识、机械设计、自动化、信息化、软件技术与肉羊育种、养殖技术的有机结合,实现羊只个体体重记录变化的全监控。当羊只进入测量区域后,通过固定式 RFID 读写设备读取羊只的电子耳标,再结合电子秤体重测定信息,实现羊只体重的自动采集工作,同时将数据传输到服务器管理软件中进行存储,为管理者提供不同角度的数据分析服务,包括:个体体重变化曲线、饲料利用率分析、群体体重变化曲线等。

(五)智能手持式终端

依据羊只生长、繁育、生产、保健等生命体征特点,自动进行日常工作提示,并将工作提示通过无线网络发送给每个养殖员的手持设备,结合电子耳标开展日常业务,具体包括:首次生产性能登记预警、发情预警、适配预警、妊检预警、预产期预警、转舍预警、淘汰预警、休药期预警、检/免疫预警等。另外,通过无线网络,每台手持设备可以与场内的数据服务器连接,在羊舍现场及时查询羊群的相关信息;利用 4G 网络,在智能手机上完成生产数据的实时查询,包括:羊群结构、羊只个体档案、系谱、生长信息、繁殖信息、疾病保健信息、销售档案等。

(六)养殖多媒体展示

展示主要通过显示墙、三维虚拟的手段多角度展现"羊场信息化"成果。核心节点主要通过 IPTV、触屏等多种手段和技术向羊场管理者、政府监管部门、外来参观者提供羊场的全面展示。

(七)视频监控系统

每间羊舍和果蔬种植区配置 3 个 AP 和 6 个无线 IPC 和 200 万像素筒型摄像头。该系统通过养殖区和果树区的摄像头巡查现场情景图像,也可以通过监控主机发出控制指令,进行局部细节观察。视频监控可以保存指定时间内的录像,以便管理人员访问各监控点的录像记录,按时间、摄像机编号等要素进行录像资料的智能化快速检索和回放显示,保证了养殖环节和果蔬种植每一个环节的可查可控。

三、亮点特色

以羊场管理软件和羊场物联网设备采集的数据为基础,采用生产规则智能分析模型,通过智能化物联网设备,实现对肉羊生产过程管理的智能化,如:TMR 精准饲喂系统,确保配方日粮、投喂日粮、采食日粮三种日粮的一致性,优化饲料的有效利用率,降低羊场饲喂成本;智能称重系统则是通过软件和自动化设备相结合的方式,实现羊只的自动称重功能,极大提高羊场工作效率,减少羊只应激反应,降低生产成本。

四、效果评价与推广应用

基地内建有 50 亩生态综合体,打造以现代化羊场为主体、集农业观光采摘、羊文化体验馆、欢乐园、羊肉主题餐饮服务等为主线的休闲娱乐旅游产业。在产、学、研结合上与高校及科研院所进行技术合作,成立以国家团队为主导的联合协会和湖羊研究院,创建国家湖羊养殖标准,培育国家级湖羊纯繁育种核心群,重点研发产品质量和产业发展,确保为广大消费者提供质量可控可追溯的绿色生态优良食品和优质服务。通过制定发布规模化养殖设施装备配套技术规范,推进畜种、养殖工艺、设施装备集成配套,加强养殖全过程机械化技术指导,大力推进养殖全程机械化。巩固提高饲草料生产与加工、饲草料投喂、环境控制等环节机械化水平,加快解决疫病防控、畜产品采集加工、粪污收集处理与利用等薄弱环节机械装备应用难题,构建区域化、规模化、标准化、信息化的全程机械化生产模式。

第二节　畜牧业养殖技术推广策略

一、加大政策引导和扶持力度

(一)制定明确的畜牧业发展规划

政府在畜牧业发展中的首要任务是制定明确的畜牧业发展规划。这一规划不仅为整个行业的发展指明了方向,也为技术推广工作提供了清晰的指引。明确的畜牧业发展规划包括技术推广的优先级、推广区域、推广时间表等具体内容,这些都是确保技术推广工作有序、高效进行的关键因素。首先,政府需要深入分析当前畜牧业的发展现状,包括养殖规模、品种结构、市场需求等方面,以此为基础制定出符合实际的发展规划。同时,政府还需要根据不同地区的气候、资源等条件,因地制宜地制定技术推广策略,确保技术推广的针对性和有效性。其次,政府应明确技术推广的优先级。在资源有限的情况下,政府需要权衡各项技术推广项目的轻重缓急,优先推广那些对提升畜牧业整体效益和养殖户收入具有显著作用的技术。例如,针对当前畜牧业面临的环保压力,政府可以优先推广生态养殖技术,帮助养殖户实现绿色、可持续发展。最后,政府还需要制定详细的技术推广时间表。通过明确各个推广阶段的目标和时间节点,政府可以确保技术推广工作按计划进行,避免出现拖延或遗漏的情况。同时,时间表也有助于政府及时评估技术推广的进度和效果,为后续工作提供参考和依据。

（二）加大对畜牧业养殖技术推广的财政投入

资金是技术推广工作的重要保障。政府在畜牧业养殖技术推广中应加大对相关工作的财政投入，以提供必要的资金支持，推动新技术的研发、试验和示范。首先，政府需要设立专项资金用于畜牧业养殖技术推广。这些资金可以用于支持科研机构进行新技术的研发和创新，为技术推广提供源源不断的技术支持。同时，政府还可以通过购买先进设备、提供培训等方式，帮助技术推广机构提升服务能力，更好地满足养殖户的需求。其次，政府应加大对技术推广项目的投入力度。在选择技术推广项目时，政府应充分考虑项目的可行性、市场前景以及养殖户的接受程度等因素，确保投入的资金能够产生最大的经济效益和社会效益。同时，政府还需要对技术推广项目进行严格的监管和评估，确保资金使用的透明性和有效性。最后，政府还可以通过与金融机构合作，为养殖户提供贷款等金融支持，帮助他们解决资金困难，提高他们采用新技术的积极性和能力。这种金融支持不仅可以降低养殖户的经济压力，还能激发他们的创新活力，推动畜牧业的持续发展。

（三）出台相关优惠政策鼓励新技术采用

为了进一步鼓励养殖户积极采用新技术，政府还应出台一系列优惠政策，如税收减免、贷款支持等，以减轻他们的经济压力和风险担忧。首先，政府可以对采用新技术的养殖户给予税收减免的优惠。通过降低养殖户的税收负担，政府可以刺激他们更积极地尝试和应用新技术，从而提高畜牧业的整体技术水平和生产效率。这种税收减免政策可以根据养殖户采用新技术的程度和效果进行动态调整，以确保政策的针对性和有效性。其次，政府还可以提供贷款支持等金融政策来鼓励新技术的采用。对于资金不足的养殖户来说,贷款支持可以帮助他们解决资金问题,从而更顺利地引进和应用新技术。政府可以与金融机构合作,为养殖户提供低息或无息贷款,降低他们的融资成本,提高他们的抗风险能力。除了上述优惠政策外,政府还可以通过设立奖励机制来进一步激励养殖户采用新技术。例如,政府可以设立技术创新奖、应用示范奖等奖项,对在新技术应用方面取得显著成效的养殖户给予表彰和奖励。这种奖励机制不仅可以激发养殖户的创新精神和实践动力,还能在行业内形成良好的示范效应,推动整个畜牧业的技术进步和产业升级。

二、深入了解养殖户需求和市场动态

(一)深入基层,了解养殖户的实际需求

为了确保技术推广活动的针对性和实效性,技术推广人员必须深入基层,与养殖户建立紧密的沟通与联系。通过与养殖户面对面的交流,技术推广人员能够更直观地了解他们的生产环境、养殖条件以及所面临的具体问题和挑战。在深入基层的过程中,技术推广人员应采取多种方式与养殖户进行互动。除了定期的访谈和问卷调查外,还可以通过组织座谈会、研讨会等活动,为养殖户提供一个交流学习的平台。在这些活动中,技术推广人员可以收集到更多关于养殖户需求和问题的第一手资料,为后续的技术推广工作提供有力的数据支持。同时,技术推广人员还需要关注养殖户的文化背景、教育程度和经济状况等个体差异,以便制定更加符合他们实际需求的推广策略。例如,对于教育程度较低的养殖户,技术推广人员可以采用图文并茂的宣传资料或者实地操作演

示等方式,帮助他们更好地理解和掌握新技术。

(二)把握市场动态,调整推广策略

在畜牧业养殖技术推广过程中,密切关注市场动态至关重要。随着消费者需求和偏好的不断变化,畜牧业产品市场也在不断发展变化。技术推广人员需要通过多种渠道获取市场信息,包括行业报告、市场调研数据以及消费者反馈等,以便及时把握市场动态和趋势。根据市场信息的反馈,技术推广人员可以针对性地调整推广策略和方向。例如,如果消费者更加关注畜产品的品质和安全,那么技术推广活动就应该侧重于推广那些能够提高产品品质和安全性的新技术和方法。同时,技术推广人员还可以利用市场信息来预测未来市场的发展趋势,从而为养殖户提供更具前瞻性的技术指导。此外,技术推广人员还应积极参与行业展览、交流会等活动,与行业内外的专家和从业者进行深入的交流和合作。通过这些活动,技术推广人员可以及时了解行业最新的技术动态和市场趋势,为养殖户提供更加专业、全面的技术服务。

(三)实现技术推广与市场需求的紧密结合

要实现技术推广与市场需求的紧密结合,技术推广人员需要在深入了解养殖户需求和市场需求的基础上,制订符合市场需求的技术推广计划。这包括确定推广的技术种类、推广的时间和地点以及推广的方式等。在制订技术推广计划时,技术推广人员需要充分考虑养殖户的实际情况和市场的发展趋势。例如,针对养殖户普遍关心的问题和需求,技术推广人员可以选择那些能够直接解决这些问题的技术进行推广。同时,根据市场的发展趋势和消费者的偏好,技术推广人员还可以有针对性地推广那些具有市场前景的新技术和品种。在实施技术推广计划的过程中,技术推广人员还需要根据实际情况进行灵活的调整和优化。例如,如果发现某项技术的推广效果不佳,技术推广人员可以及时调整推广策略或者更换其他更加适合的技术进行推广。通过这种方式,技术推广活动可以更加紧密地结合养殖户和市场的实际需求,提高技术推广的针对性和实效性。同时,技术推广人员还应积极与养殖户建立长期的合作关系,为他们提供持续的技术支持和咨询服务。通过这种方式,技术推广人员可以及时了解养殖户的反馈和需求变化,为他们提供更加精准、有效的技术服务。这不仅有助于提高养殖户的经济效益和生产效率,还能进一步推动畜牧业的持续健康发展。

三、强化产学研合作,提升研发能力

(一)加强产学研合作的必要性

针对畜牧业养殖技术研发能力有限的问题,加强产学研合作显得尤为重要。产学研合作,即产业界、学术界和研究机构的紧密结合,是科技创新的重要途径。通过产学研合作,可以有效地整合高校、科研院所和企业的研发资源,形成合力,共同推动畜牧业技术的创新和发展。首先,高校和科研院所拥有丰富的科研人才和先进的实验设备,具备强大的基础研究和应用研究能力。而企业则更贴近市场,了解市场需求和行业动态,具有敏锐的市场洞察力和丰富的实战经验。产学研合作能够将这三方的优势资源进行有效整合,实现优势互补,共同推动畜牧业技术的创新。其次,产学研合作有利于降低研发风险。畜牧业技术的研发需要投入大量的人力、物力和财力,而且研发周期长,风险高。通过产学研合作,可以共同承担研发风险,降低单一主体的风险压力。最后,产学研合作有利于加快新技术的研发周期。在高校、科研院所和企业的共同努力下,可以大幅缩短新技术的研发周期,提高研发效率。

(二)充分利用产学研合作推动畜牧业技术创新

为了充分利用产学研合作的优势推动畜牧业技术创新,需要从以下几个方面入手:首先,建立有效的沟通机制和合作模式。高校、科研院所和企业之间应建立紧密的合作关系,明确各自的责任和分工。同时,建立定期的沟通机制,确保信息的及时共享和问题的及时解决。通过有效的沟通机制和合作模式,确保产学研合作的顺利进行。其次,加强人才培养和交流。高校和科研院所可以为企业提供优秀的人才资源,而企业则可以为高校和科研院所提供实践基地和就业机会。通过人才培养和交流,可以加强产学研之间的紧密联系,推动畜牧业技术的创新和发展。再次,共同承担研发项目。高校、科研院所和企业可以共同承担畜牧业技术的研发项目,共同投入研发资源,共同分享研发成果。通过共同承担研发项目,可以加快新技术的研发周期,提高技术的先进性和实用性。

(三)积极推动科研成果的转化和应用

科研成果的转化和应用是产学研合作的重要环节。为了将实验室成果转化为实际生产力,提高技术转化率,需要采取以下措施:首先,加强科研成果的评估和推广。对于具有市场前景的科研成果,应及时进行评估和推广,让更多的企业和养殖户了解并应用这些成果。同时,政府和社会各界也应加大对科研成果的支持和推广力度,为成果的转化和应用创造良好的社会环境。其次,建立完善的转化机制。高校、科研院所和企业应建立完善的转化机制，明确各方的权益和责任。同时，建立科研成果转化的服务平台，提供技术转移、成果转化等一站式服务，降低转化的门槛和成本。最后，加强市场调研和需求分析。在科研成果转化之前，应进行充分的市场调研和需求分析，确保科研成果符合市场需求和养殖户的实际需求。通过市场调研和需求分析，可以针对性地进行科研成果的转化和应用，提高技术的转化率和市场接受度。

四、加强技术推广体系建设

（一）加强技术推广人员的培训和管理

在畜牧业养殖技术推广过程中，技术推广人员是核心力量。他们的专业素养和推广能力直接影响到技术推广的效果。因此，建立健全畜牧业养殖技术推广体系的首要任务是加强技术推广人员的培训和管理。首先，应定期组织技术推广人员进行专业技能培训。培训内容包括但不限于畜牧业养殖的新技术、新方法，以及推广技巧和沟通艺术。通过培训，不仅可以提升技术推广人员的专业素养，还能使他们更好地理解和掌握新技术，从而更有效地向养殖户进行推广。其次，要加强对技术推广人员的管理。建立健全的考核机制和激励机制，对技术推广人员的工作绩效进行定期评估，并根据评估结果进行奖惩。这样可以激发技术推广人员的工作热情和积极性，提高他们的责任感和使命感。最后，还应鼓励技术推广人员与养殖户建立良好的互动关系。通过定期的交流和沟通，了解养殖户的需求和反馈，及时调整推广策略和方法，以提高技术推广的针对性和实效性。

(二)建立多层次、多渠道的技术推广网络

为了更好地为养殖户提供技术支持和服务,建立健全畜牧业养殖技术推广体系的第二个关键点是建立多层次、多渠道的技术推广网络。首先,应建立和完善技术推广站。技术推广站是技术推广的前沿阵地,是直接面向养殖户提供技术支持和服务的重要平台。通过加强技术推广站的建设和管理,可以确保技术推广的及时性和有效性。其次,要建立示范基地。示范基地是展示新技术、新方法的重要窗口,也是养殖户学习和交流的重要场所。通过示范基地的建设,可以让养殖户更直观地了解和掌握新技术,从而加速技术的推广和应用。此外,还应积极发挥科技特派员的作用。科技特派员是深入基层、直接面向养殖户提供技术支持和服务的重要力量。通过加强科技特派员的选派和管理,可以确保技术推广的深入和细致。

(三)积极利用现代信息技术手段

随着信息技术的飞速发展,互联网、移动应用等现代信息技术手段在畜牧业养殖技术推广中的应用越来越广泛。积极利用这些技术手段,可以扩大技术推广的覆盖面和影响力,提高技术推广的效果。首先,可以利用互联网平台进行技术推广。通过建立畜牧业养殖技术网站或 APP,定期发布新技术、新方法的信息,提供在线咨询和服务,让养殖户随时随地都能获取到所需的技术信息。其次,可以利用社交媒体进行技术推广。通过在社交媒体上发布技术文章、视频等,吸引更多养殖户的关注和参与,扩大技术推广的影响力。最后,还可以利用大数据和人工智能技术,对养殖户的需求进行精准分析,为他们提供个性化的技术支持和服务。这样

不仅可以提高技术推广的精准度和实效性,还能帮助养殖户解决实际问题,提高他们的经济效益。

五、注重实践指导和后续服务

(一)实践指导:手把手教学与示范

在畜牧业养殖技术推广中,实践指导是不可或缺的一环。技术推广人员不能仅仅停留在理论传授的层面,更应注重实践操作的指导。为此,技术推广人员应定期进行实地访问,深入养殖户的生产现场,为他们提供手把手的教学和示范。实地访问的过程中,技术推广人员需要详细讲解新技术的操作流程、注意事项以及可能遇到的问题。通过现场演示、互动问答等方式,确保养殖户能够熟练掌握新技术的操作要领。这种实践指导的方式不仅能够增强养殖户对新技术的理解和掌握,还能在实际操作中及时发现并纠正他们的错误,从而避免潜在的风险和损失。同时,技术推广人员还应根据养殖户的实际情况和需求,提供个性化的指导方案。因为不同的养殖户在生产环境、资源条件、技术水平等方面存在差异,因此需要因地制宜、因材施教。通过个性化的实践指导,可以帮助养殖户更好地将新技术应用到实际生产中,提高生产效率和经济效益。

(二)建立快速响应机制

在技术推广过程中,养殖户在应用新技术时难免会遇到问题和困难。为了确保养殖户能够及时得到帮助和解决方案,建立快速响应机制显得尤为重要。技术推广团队应设立专门的服务热线或在线服务平台,确保养殖户在遇到问题时能够迅速联系到技术推广人员。同时,技术推广人员应具备高度的责任心和专业素养,对养殖户提出的问题能够迅速做出回应并提供有效的解决方案。此外,技术推广团队还应定期组织技术培训和交流活动,邀请行业专家和资深养殖户分享经验和技术心得。通过这些活动,不仅可以及时解决养殖户在应用新技术时遇到的问题,还能为他们提供一个学习和交流的平台,促进技术的传播和应用。

(三)加强后续服务:评估与调整

技术推广并非一蹴而就的过程,而是需要持续的跟踪服务和评估调整。因此,在技术推广过程中,加强后续服务是至关重要的。技术推广团队应定期对养殖户进行回访和调研,了解新技术的应用效果以及养殖户的反馈意见。通过这些信息,可以及时发现新技术在应用中存在的问题和不足,以便及时调整推广策略和方向。同时,还能为养殖户提供更加精准、有效的技术支持和服务。除了定期的回访和调研外,技术推广团队还应建立新技术应用效果的评估体系。通过对新技术的产量、质量、经济效益等指标进行量化评估,可以客观地反映新技术的应用效果和价值。根据评估结果,技术推广团队可以为养殖户提供更加科学、合理的建议和指导,帮助他们更好地应用新技术并提高生产效率。此外,技术推广团队还应关注市场动态和行业发展趋势,及时调整技术推广的策略和方向。通过与行业协会、研究机构等建立紧密的合作关系,可以及时了解最新的技术动态和市场信息,为养殖户提供更加前瞻性的技术指导和服务。

六、加大宣传与培训力度

(一)广泛宣传畜牧业新技术和养殖知识

在当今信息爆炸的时代,如何有效地将畜牧业新技术和养殖知识传递给养殖户,是技术推广工作面临的重要挑战。为了提升畜牧业养殖技术推广的效果,加强宣传成为不可或缺的一环。首先,要充分利用广播、电视、报纸等传统媒体渠道进行广泛宣传。这些媒体具有覆盖面广、传播速度快、影响力大的特点,能够迅速地将畜牧业新技术和养殖知识传递给广大养殖户。通过制作专题节目、发布科技新闻、撰写专栏文章等方式,可以详细介绍新技术的原理、优势以及应用前景,从而激发养殖户的兴趣和热情。其次,要积极利用新媒体平台进行宣传推广。随着互联网技术的飞速发展,微博、微信公众号、短视频等新媒体平台成为人们获取信息的重要途径。技术推广部门可以在这些平台上开设官方账号,定期发布技术动态、养殖知识和成功案例,与养殖户进行互动交流,提高技术推广的实效性和针对性。

(二)举办培训班以提升养殖户技术能力

除了广泛宣传外,举办培训班也是提高畜牧业养殖技术推广效果的重要手段。培训班可以采取集中式或分散式的方式进行,根据养殖户的实际需求和层次水平,设计不同的培训内容和形式。在培训班中,技术推广人员可以系统地讲解新技术的理论知识、操作流程和注意事项,通过案例分析、实操演练等方式加深养殖户对新技术的理解和掌握。同时,还可以邀请行业专家、资深养殖户进行授课或分享经验,增强培训班的吸引力和实用性。此外,为了激发养殖户的学习兴趣和积极性,培训班还可以采用一些创新的教学方式,如互动式学习、小组讨论、角色扮演等。这些方式能够让养殖户更加主动地参与到学习中来,提高学习效果和实际应用能力。

(三) 开展有针对性的培训活动

在畜牧业养殖技术推广过程中,不同层次的养殖户有着不同的需求和特点。因此,开展有针对性的培训活动显得尤为重要。针对初入行业的养殖户,技术推广部门可以提供基础知识和技能的培训,帮助他们快速入门并掌握基本的养殖方法和技术。对于已经有一定养殖经验的养殖户,则可以开展进阶培训或专题研讨,深入探讨新技术的应用、市场分析以及经营管理等方面的内容。同时,为了满足养殖户的个性化需求,技术推广部门还可以提供定制化的培训服务。通过深入了解养殖户的实际情况和需求,为他们量身定制培训计划和内容,确保培训活动的针对性和实效性。此外,为了鼓励养殖户积极参与培训活动并提升他们的学习效果,技术推广部门还可以设立奖励机制或提供优惠政策。例如为表现优秀的养殖户颁发证书或提供技术支持等增值服务;或者与金融机构合作提供贷款支持等政策措施来降低养殖户的经济压力并激励他们更好地应用新技术进行生产活动。

参 考 文 献

[1]马晓河,杨祥雪.以加快形成新质生产力推动农业高质量发展
  [J].农业经济问题,2024,(04):4-12.

[2]刘含.玉米种植过程中现代农业技术的运用与发展[J].种子
  科技,2024,42(07):149-151.

[3]杨淑琴.新形势下基层农技推广工作的现状与对策研究[J].
  种子科技,2024,42(07):140-142+145.

[4]刘昭刚.优质小麦精量化栽培技术及推广应用研究[J].种子
  科技,2024,42(06):37-39.

[5]万斌.农业技术推广对提升种植业的作用研究[J].种子科技,
  2024,42(06):143-145.

[6]王锦蓉.农业技术推广及水稻栽培技术探究[J].世界热带农
  业信息,2024,(03):32-33.

[7]李志伟,贺孝兵.农业技术推广在农业种植中的应用[J].当代
  农机,2024,(03):30-32.

[8]赵红梅.绿色农业种植技术推广的作用及措施[J].河北农业,
  2024,(03):36-37.

[9]赵汝英.农业技术推广中存在的问题与改进对策[J].现代农
  村科技,2024,(03):1-2.

[10]李军.基层农业机械化技术推广工作存在的问题及对策[J].
  新农民,2024,(09):84-86.